KB059636

갈릴레오의
두 우주 체계에 관한
대화,
태양계의 그림을 새로 그리다

주니어클래식 7

갈릴레오의
두 우주 체계에 관한
대화,
태양계의 그림을 새로 그리다

오철우 지음

갈릴레오는 어떤 성품을 지닌 과학자였을까? 원고를 쓰면서 갈릴레오를 문헌에서만 만나는 역사 인물이 아니라 현실의 인물로 마음에 그려보는 일이 간혹 생긴다. 갈릴레오의 대표작인 『두 우주 체계에 관한 대화』를 읽다 보면, 글의 문체와 구성에서 언뜻언뜻 지은이 갈릴레오의 모습을 느낄 수 있다. 누구나 알고 있듯이, 갈릴레오는 자신이 발견한 자연의 진리를 굳건히 믿으면서 세상의 그릇된 믿음에 용감하게 도전했던 위인이자, 중세의 쇠락한 전통에 맞서 혁신을 외친 근대인이다.

이런 모습에 더해, 내가 느낀 갈릴레오는 열정과 치밀함, 영민함과 신중함을 함께 지닌 과학자였다. 갈릴레오는 당시에는 불온한 것으로 여겨지던 태양 중심설(지동설)을 굽히지 않고 오랫동안 연구해, 결국엔 그 연구 결과를 한 권에 집약해 발표하는 열정을 보였다. 또 그는 거대한 중세 아리스토텔레스 철학의 허점을 끝까지 파고들어 그 철학의 허약함을 조목조목 폭로하는 치밀함을 지녔다. 그러면서도 가톨릭교회 당국의 엄중한 검열을 피해갈 방법을 찾아 자신의 출판 계획을 차근차근 실행에 옮겼고, 책에서는 자신의 주장을 언제나 가설일 뿐이라고 주장하는 영민함과 신중함을 보여 주었다. 갈릴레오는 또한 해학과 재기가 넘치는 사람이었다. 낡은 전통을 비판하는 그의 독설은 날카로우면서도 웃음과 재치를 놓치지 않는다.

『두 우주 체계에 관한 대화』는 17세기 유럽의 화제작이자 갈릴레오의 인생을 바꾼 책이다. 여기에는 당시 자연 과학의 수준에서 얘기할 수 있는 흥미로운 상상력, 그리고 진지한 토론이 담겼다. 우리 일상의 감각으로는 도무지 알 수 없는 지구의 운동을 어떻게 증명할 수 있을까? 태양 흑점의 정체는 무엇인가? 달에 생명체가 살 수 있는가? 행성들이 뒷걸음치는 듯이 보이는 역행 현상은 어떻게 이해할 수 있을까? 우주에는 중심이 있는가? 이런 숱한 논란들이 펼쳐진다. 토론은 나흘간 이어지는데, 갈릴레오의 '현장감 있는 연출' 덕에 박진감 넘치게 진행된다.

『두 우주 체계에 관한 대화』를 오늘날 독자들이 읽기에는 약간의 어려움이 있다. 당대 과학 이론들을 세밀하게 다루다보니 내용도 쉽지 않거니와, 당시 널리 퍼진 세계관과 상식, 용어가 지금과 다르기 때문이다. 『두 우주 체계에 관한 대화』에 담긴 재미를 느끼려면, 당시의 지적 배경과 분위기도 알아야 할 것이다. 그래서 나는 이 책에서 『두 우주 체계에 관한 대화』의 주요 대목들을 골라 인용하면서 오늘날 독자에게 고전의 재미와 의미가 전달되게끔 친절하게 설명했다.

이 책에서 주로 보여 주려는 바는 다음과 같다. 첫째, '논쟁의 달인' 갈릴레오가 철옹성과 같았던 지구 중심설(천동설)을 얼마나 명쾌하게 논파하고 태양 중심설이 옳음을 어떻게 증명하는지 보여 주고자 했다. 둘째, 당대 자연 과학의 그릇된 철학과 방법을 비판하고 극복하려는 갈릴레오의 열정, 재치 같은 면모를 포착하고자 했다. 갈릴레오를 통해 낡은 전통과 권위에 끊임없이 물음을 던지는 근대 자연 과학자의 인상적인 면모를 볼 수 있을 것이다. 셋째, 갈릴레오 종교 재판 사건은 흔히 이성과 종교의 충돌로만 이해되는데, 이 책에서는 그것이 주로 중세 전통 과학과 새로운 과학의 충돌이었음을 보여 주려고 했다. 실제로 『두 우주 체계에 관한 대화』를 읽다보면 종교 갈등보다는 낡은 과학과 새로운 과학의 갈등을 더 자주 볼 수 있다. 중세 철학과 천문학에 관한 비판은 갈릴레오의 책에서 상당 부분을 차지하고 있다. 우리는 이런 비판을 읽으면서 갈릴레오가 극복해야 한다고 주장했던 바가 무엇이었는지, 근대 자연 철학자들의 고민이 어디에서 비롯했는지 어렴풋이나마 알 수 있다. 이런 책 읽기는 근대 이성의 시대를 좀 더 풍부하게 이해하는 데 도움이 되리라 생각한다.

올해는 근대 천문학 400년을 기념하는, 유엔이 정한 '세계 천문의 해'다. 세계의 수많은 천문학자와 아마추어 천문가들이 천문학 400년을 기념하는 다채로운 지구촌 축제를 펼치고 있다. 이 400년의 필름을 거꾸로 돌리면 가장 앞쪽에서는 수학과 기하학을 상징하는 컴퍼스와 우주 관측을 상징하는 망원경을 두 손에 든 갈릴레오를 만날 수 있다. 갈릴레오의 대표작 『두 우주 체계에 관한 대화』를 통해 독자 여러분도 근대 관측 천문학이 생겨나던 시절의 분위기를 느껴 보길 바란다.

책을 기획한 도서평론가 이권우 선생과 원고를 꼼꼼히 살펴준 사계절출판사 서상일 편집자에게 누구보다 먼저 감사드린다.

그리고 과학과 역사의 저 깊은 지식에 눈을 뜨게 해주신 서울대학교 대학원 과학사 및 과학철학 협동과정의 여러 은사님들께 감사드린다. 원고 쓰는 동안에 돌아가신 어머니를 다시 생각하며, 책 출간의 기쁨을 아내 이정숙, 딸 오휘진과 함께 나누고 싶다.

2009년 6월 18일

오철우

프톨레마이오스 천문학 체계

우주의 중심에 지구가 있으며, 지구를 둘러싼 7개의 천구에
달과 태양, 그리고 행성들이 있다. 마지막 여덟 번째 천구에는
수많은 별이 있다. 프톨레마이오스 천문학에서는
지구를 둘러싼 8개의 천구가 지구를 도는 운동을 한다고 보았다.
프톨레마이오스 천문학은 우리 눈앞에서 벌어지는 현상을
그런대로 잘 설명해 오랫동안 진리로 여겨졌다. 그러나 근대에 들어서면서
코페르니쿠스 천문학의 도전을 받게 된다.

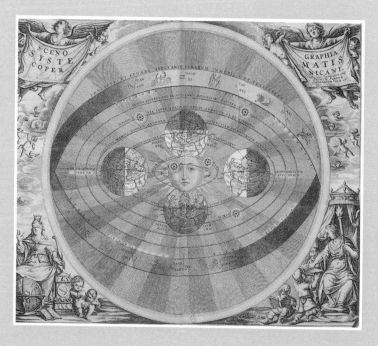

코페르니쿠스 천문학 체계

천문학자 코페르니쿠스는 지구 중심의 우주 체계를 뒤엎고
태양 중심의 우주 체계를 내놓았다. 그 체계에서는 태양이 중심에 있고,
지구를 비롯한 다른 행성들이 태양 주위를 돈다.
별들이 지구 둘레를 회전하는 듯이 보이는 이유가
사실은 지구의 회전 때문이라고 보았다.
갈릴레오는 가설로 남아 있던 코페르니쿠스 천문학을 입증해
17세기 유럽인들에게 충격을 주게 된다.

차 례

일러두기

1. 이 책에서 갈릴레오 갈릴레이의 저서 *Dialogo dei due massimi sistemi del mondo* (1632)의 모든 인용은 이 저서의 영어 번역판인 *Dialogue concerning the two chief world systems*(trans. Stillman Drake, New York: Modern Library, 2001)를 번역해 사용했다.

2. 우리말 번역에는 위의 영어 번역판을 기본으로 삼되 다른 영역판인 *Galileo on the world systems: a new abridged translation and guide*(trans. Maurice A. Finocchiaro, Berkely: University of California Press, 1997)와 우리말 번역판인 『그래도 지구는 돈다』(이무현 옮김, 서울: 교우사, 1997)와 『과학고전선집』(홍성욱 편역, 서울: 서울대학교 출판부, 2006)을 참고했다.

3. 인용문 뒤에 따로 밝히지 않고 괄호 속에 쓴 숫자는 영어 번역판 *Dialogue concerning the two chief world systems*(trans. Stillman Drake, New York: Modern Library, 2001)의 쪽수를 말한다.

근대 과학의 아버지
갈릴레오와 『대화』

근대 과학의 아버지로 불리는 갈릴레오 갈릴레이는 서구 문명을 바꾼 주요 인물 가운데 한 사람이다. 그는 유럽에서 중세가 저물고 새 시대를 준비하던 16세기 중반인 1564년 2월 15일 이탈리아 토스카나 공국*의 피사 지방에서 귀족 축에 드는 집안의 아들로 태어났다. 아버지는 당대에 꽤나 이름난 음악 연주자이자 음악 이론가였다. 그런 덕분에 갈릴레오도 예술에 타고난 재능을 보였다. 그는 오르간과 류트 연주에 뛰어났다. 훗날 부와 명예를 다 잃고 탐구에만 온 힘을 쏟았던 인생 후반에, 악기는 그의 외로움을 달래 주는 동무였다고 한다. 갈릴레오는 그림에도 뛰어났다. 그는 전문 예술가들 사이에서도 널리 알려진 삽화가였으며, 이름난 어느 이탈리아 화가는 갈릴레오를 자신에게 원근법을 가르쳐 준 스승이라고 말했다. 갈릴레오의 책에 실린 달과 행성, 천체들의 정밀 삽

---

*공국은 중세 유럽에서, 큰 나라에게서 '공(公)'의 칭호를 받은 군주가 다스리던 작은 나라를 말한다. 지금은 리히텐슈타인 공국, 모나코 공국 따위가 있다.

갈릴레오 갈릴레이
1564~1642

근대 과학의 아버지로 불리는 갈릴레오 갈릴레이는 과학뿐 아니라
음악, 미술, 문학에도 타고난 재능을 보였다. 갈릴레오의 여러 책이
베스트셀러가 된 데에는 그의 폭넓은 교양도 한몫했다.

화는 그의 그림 실력을 보여 준다. 그뿐만 아니라 그는 문학에도 밝아 젊은 시절에 문학 비평 논문을 여러 편 쓰고 발표하기도 했다. 갈릴레오의 여러 책이 베스트셀러가 된 데에는 그의 독창적 연구 업적뿐 아니라 문학, 음악, 미술에 두루 밝았던 폭넓은 교양도 한몫했을 것이다.

갈릴레오는 처음에 천문학자가 아니었다. 열일곱 살 때 그는 고향에 있는 피사대학교에 입학해 주로 약학을 공부했다. 하지만 차츰 자연과 수학의 세계에 관심을 기울이면서 자연 철학을 연구하는 데에서 평생 직업을 찾기로 마음먹었다. 그리하여 아버지의 반대에도 불구하고 대학 공부를 3년 반 만에 그만두었다. 수학 교수가 되고 싶었던 그는 수학 분야의 학문 업적을 인정받고자 여러 주제의 연구에 몰두했다. 당시는 대학교의 학위나 졸업장이 없더라도 훌륭한 연구물을 발표해 좋은 평판을 얻고 권위 있는 명사의 후원이나 저명한 학자의 추천서를 받으면, 대학에서 일자리 얻기가 그리 어려운 시절은 아니었다.

망원경, 갈릴레오의 삶을 바꿔 놓다

연구자로서 명성을 높여 가던 갈릴레오는 1588년 볼로냐대학교 교수직에 응모했다가 뜻을 이루지 못한다. 그러나 이듬해인 1589년 로마 예수회 교수의 도움을 받아 피사대학교의 수학 교수 자리를 어렵게 얻는다. 스물다섯 나이에 독학으로 대학 교수가 되었으니 그의 재능과 열정이 얼마나 뛰어났을지는 짐작하고도 남겠다.

귀족들의 장난감이던 망원경

망원경을 거꾸로 들여다보는 귀족들의 우스꽝스러운 모습이다.
망원경이 처음 발명되었을 때에는 이처럼 귀족들의 장난감 정도로 이용되었다.
그러나 갈릴레오는 망원경을 천체 관측에 사용해 획기적인 발견을 이루어 낸다.

요즘의 수학자와 달리, 당시의 수학자는 선박과 병기 제작이나 성 쌓기에 쓰는 도르래, 굴림대 같은 기계의 성능을 개선하는 실용 연구에도 큰 관심을 기울였다. 그는 수학을 가르치며 오늘날 물리학에서 다루는 운동 이론을 함께 연구했다. 갈릴레오가 죽은 뒤에 어느 전기 작가는 그가 피사대학교 교수 시절에 피사의 사탑에서 무거운 물체가 가벼운 물체보다 더 빨리 떨어지는 것은 아님을 보여주는 자유 낙하 실험을 했다고 전한다.[*] 갈릴레오는 1592년 후원자들의 도움을 얻어 베네치아 공국의 파도바대학교로 자리를 옮겨 1610년까지 그곳에서 수학을 가르쳤다.

1609~1610년에 갈릴레오의 삶에 극적인 변화가 일어난다. 변화의 한복판에는 망원경이 있었다. 이 무렵에 낮은 성능의 망원경이 발명돼 귀족들의 장난감 정도로 유럽 여러 곳에 조금씩 퍼지기 시작했다. 망원경의 원리를 간파한 갈릴레오는 잇따라 더 높은 배율의 망원경을 발명했다. 당시 가장 성능 높은 9배율 망원경을 제작해 베네치아 공국에 기증하면서 갈릴레오의 명성은 더욱 높아졌다. 파도바대학교에서 그는 종신 교수로 임명받아 사회적으로도 성공한 학자가 되었다. 1609년 말 갈릴레오는 20배율 망원경을 만드는 데 성공했고, 망원경을 천체 관측에 쓰기 시작한다. 망원경에 비친 달과 행성, 태양과 다른 별들은 완전히 새로운 세계를 보

[*]흔히 피사의 사탑 실험이 자유 낙하 법칙의 발견에 중요한 계기가 된 것처럼 말하지만, 과학사학자들 사이에서는 이런 얘기가 후대에 만들어졌을 가능성이 높다는 반론이 많다.

〈천문학자〉
요하네스 베르메르, 1668년

천문학자가 책을 펴 놓고 지구본에 손을 댄 채 연구에 몰두하고 있다.
진지한 모습이 궁극의 진리를 탐구하는 철학자처럼 보인다. 당시 천문학자는
자연의 궁극적 원리를 탐구하는 철학자와 같은 지위를 누렸다.

여 주었고, 그 덕분에 천문학의 새 발견이 잇따라 이루어졌다. 그는 이런 발견을 담아 1610년에 『별들의 소식』을 출간한다. 이 책은 이내 세상 사람들의 관심을 끌었다.

갈릴레오는 이 책을 겨우 몇 주 전에 토스카나 공국의 대공 자리에 오른 메디치 가문의 코시모 2세에게 바쳤다. 게다가 그는 자신이 발견해 유명해진 목성을 도는 네 개의 위성*에 '메디치의 별들'이라는 이름을 붙여, 발견 업적의 영예를 메디치 가문에 바쳤다. 책을 바친 그 해에 그는 토스카나 대공의 전속 철학자 겸 수석 수학자 자리를 얻었다. 철학자라는 직함은 갈릴레오가 꿈꾸던 것이었다. 당시에 수학자가 전문 기능인으로 여겨진 데 반해, 자연의 궁극적 원리를 탐구하는 철학자(자연 철학자)는 수학자보다 훨씬 더 높은 학문적 지위를 누렸다. 1610년 궁정 인사가 되어 금의환향한 갈릴레오는 이제 고향에서 든든한 후원자의 도움을 받아 안정된 신분과 경제력을 지니며 하고 싶은 연구를 맘껏 할 수 있게 됐다. 부와 명예, 그리고 자유로운 연구는 갈릴레오의 것이었다.

하지만 그의 삶에서 훨씬 더 큰 격동은 1632~1633년에 찾아왔다. 부와 명예를 가져다준 사십대 중년 시절의 변화와 달리, 이번에는 노년의 삶에 크나큰 시련을 안겨 주었다. 그것은 오늘날 우리에게 '갈릴레오 사건'으로 알려진 종교 재판의 시련이었다.

---

*갈릴레오가 발견한 목성의 위성은 오늘날 이오, 에우로파, 가니메데, 칼리스토로 불린다. 갈릴레오가 처음으로 목성의 위성을 관측한 이래 오늘날까지 목성의 위성은 최소 60여 개가 발견되었다.

프톨레마이오스
2세기

고대 그리스의 천문학자. 당시 천문학을 집대성한
『알마게스트』(140년경)의 저자로 유명하다.
그는 지구 중심설에 바탕을 두고 천체의 운동을 수학적으로 기술했다.

'갈릴레오 사건'의 전주곡

갈릴레오가 문제작인 『두 우주 체계에 관한 대화』(*Dialogo dei due massimi sistemi del mondo*, 다음부터 줄여 『대화』로 표기함)를 낸 것은 그의 나이 예순여덟이던 1632년이었다. 이듬해인 1633년, 그는 로마 교황청 종교 재판소에서 코페르니쿠스의 태양 중심설(지동설)을 설파한 혐의로 유죄 판결을 받았다. 무기한 가택 연금*이라는 조처가 내려졌다. 그런데 1633년의 재판으로 절정에 이른 '갈릴레오 사건'의 조짐은 사실 1616년의 약식 재판 때 이미 시작됐다. 아니, 갈릴레오 사건의 자초지종을 다 얘기하려면 그가 관측용 망원경을 만들어 천문 관측에 나선 1609년까지 거슬러 올라가야 한다.

갈릴레오는 망원경을 발명한 무렵부터 코페르니쿠스 학설에 대한 신념을 굳힌 것으로 보인다. 물론 그는 이미 피사대학교와 파도바대학교 교수 시절에 코페르니쿠스 천문학을 알고 있었지만, 주된 관심사는 스스로 '새로운 과학'이라 일컬은 물체의 운동 이론(역학)이었다. 그가 이 시절 대학에서 가르친 천문학도 근대 천문학자 코페르니쿠스가 아니라 고대 천문학자 프톨레마이오스의 것에 가까운 천문학이었다. 그러던 그가 망원경으로 우주를 바라보면서 차츰 코페르니쿠스 천문학이야말로 새 시대의 참된 과학

*연금은 외부 사람과 접촉하는 것을 제한하고 외출을 허락하지 않으나 일정한 장소 안에서는 신체의 자유를 허락하는, 정도가 가벼운 감금이다.

이라는 믿음을 갖게 되었다. 망원경으로 본 우주에서는 프톨레마이오스 천문학을 뒤집을 만한 여러 증거가 나왔기 때문이다.

'보는 것이 믿는 것'이라는 서양 속담이 있다. 망원경으로 우주를 보게 되면서, 갈릴레오는 태양 중심설에 대한 신념을 더 자주 드러냈다. 망원경으로 본 우주는 '중세의 교과서'로 통했던 아리스토텔레스(B.C. 384~B.C. 322)와 프톨레마이오스의 책에 기록된 내용과는 영 딴판이었다. 천상계에서는 어떤 물질의 변화도 일어나지 않는다는 옛 자연 철학의 가르침과 달리 태양 표면에서는 변화하는 흑점이 관측됐고, 매끈하다는 달 표면도 울퉁불퉁해 지상의 모습과 별다를 게 없었다. 또 목성 둘레를 도는 네 개의 위성을 발견했을 때 그것들은 마치 작은 행성계를 이루는 듯이 보였다. 금성, 화성을 비롯해 그의 망원경에 비친 천체들은 지구도 이런 여러 행성 가운데 하나일지 모른다는 생각을 굳히게 만들었다.

그러던 중 1613년에 탈이 나고야 말았다. 그해 갈릴레오는 제자에게 보내는 편지 형식으로 발표한 글에서, 성서와 신학에 근거를 두어 태양 중심설을 비판하는 여러 반론을 다시 반박했다. 이 글이 널리 읽히면서 논란이 일었고 성직자들의 비난이 이어졌다. 이렇게 분위기가 좋지 않을 때 갈릴레오의 『태양 흑점 서신』(1613)이란 책이 출간되자, 마침내 이단 혐의까지 받게 되었다. 이어 1615년에 종교 재판소는 갈릴레오에 대해서도 이단 심사를 벌였다. 갈릴레오는 교황청에 불려 가 약식 종교 재판을 받았다.

다행히도 종교 재판소가 1616년에 내린 이단 판정 목록에서 갈릴레오는 빠졌다. 금서가 된 코페르니쿠스의 책에 대해서는 출간 정지와 수정, 개정 명령이 내려졌다. 갈릴레오의 책은 금서가 되지는 않았지만, 그는 "지구 운동을 진리로 믿거나 지지하거나 변호하지 말라."는 경고를 받았다. 당시 종교 재판소 회의록은 다음과 같이 전한다.

> "태양이 우주 중심에 정지해 있고 지구는 운동을 한다는 견해를 가르치거나 옹호하지 않을 것을 명령하고 또 요구했다. 이를 따르지 않으면 재판에 회부될 것이다. 갈릴레오는 이런 지시를 받아들이고 지키겠노라고 약속했다."

혹독한 정신적 고초를 당한 과학자 갈릴레오는 이제 입을 다물고 자숙의 시간을 보내야 했다.

1632년, 왜 위험한 『대화』를 썼을까?

교황청에서 경고를 받고 16년이나 흐른 1632년, 갈릴레오는 코페르니쿠스 천문학을 사실상 옹호하는 『대화』를 펴냄으로써 다시 로마 교황청을 들쑤셔 놓았다. 시대 분위기를 잘 파악하고 실력자들과도 친분이 두터우며 신중한 성격을 지닌 갈릴레오였다. 그런 그가 왜 자숙의 시간을 끝내고 갑자기 이단 판정을 받을 수도 있는 『대화』를 썼을까?

물론 갈릴레오는 새로운 과학 정신을 주창하는 과학자로서 자

교황 우르바누스 8세
1568~1644

갈릴레오에게 호의적이었던 교황 우르바누스 8세.
그는 1624년 갈릴레오가 로마를 방문했을 때 여섯 번이나 알현을 허락하며
갈릴레오를 극진히 환대했다. 그러나 『대화』가 나오자
갈릴레오가 신뢰를 저버렸다고 여겼다.

신의 신념을 굽히지 않고 세상에 알려 낡은 지식의 권위에 맞서고자 했을 것이다. 코페르니쿠스의 태양 중심설에 대한 그의 믿음은 굳건했다. 지구중심설을 반박할 충분하고도 분명한 망원경 관측 증거도 가지고 있었다. 만일 지구가 태양 둘레를 돈다면 달은 존재할 수 없다고 주장하는 지구 중심설 지지자들에게는 목성 둘레를 도는 네 개의 위성 자체가 반박 증거가 됐다. 목성은 네 개나 되는 위성을 거느리고도 어떤 중심 둘레를 돌고 있지 않는가? 태양 흑점은 천상의 세계가 완벽하다는 이론이 거짓일 수 있음을 보여 주지 않는가? 그러나 이런 신념을 이해하더라도, 그가 위험한 『대화』를 이 시기에 왜 갑자기 썼는지는 다 헤아리기 힘들다. 사실, 여러 상황이 이 책의 탄생을 도왔다.

갈릴레오가 당시 분위기가 자신에게 우호적으로 돌아가고 있다고 여기고는 곧 닥칠지 모를 위험을 제대로 내다보지 못했다는 게 여러 역사학자의 해석이다. 실제로 1616년 종교 재판을 받고 나서 자숙하고 지내던 갈릴레오에게 1623년 이후 상황은 크게 달라졌다. 갈릴레오의 과학 활동을 존경해 마지않던 성직자 친구인 마페오 바르베리니가 그해 교황에 선출돼 교황 우르바누스 8세로 즉위했다. 그는 1616년의 종교 재판 때에도 코페르니쿠스 천문학에 노골적인 유죄 판결을 내리려는 것을 만류했던 온건한 인물이기도 했다. 게다가 새 교황의 개인 비서도 갈릴레오와 절친한 친구였다. 갈릴레오는 1623년에 펴낸 새 천문학 책 『분석자』를 교황에게 바쳤고, 1624년 로마에 갔을 때에는 로마의 실력자들과 만나며

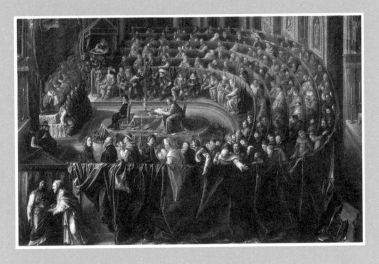

갈릴레오 재판

1633년 갈릴레오는 종교 재판소에서 혹독한 심문을 거친 끝에
'이단 혐의' 판정을 받았다. 그림은 로마 교황청의 종교 재판정에서
갈릴레오가 재판을 받는 모습이다.

교황청의 극진한 환대까지 받았다.

갈릴레오가 『대화』를 쓰려고 마음먹은 시점은 바로 교황청의 환대를 받은 로마 여행을 마치고 나서였다. 그로서는 교황에게서 책의 출간을 사실상 허락받았다고 생각했을 터이다. 여러 역사 기록으로 보건대, 우르바누스 8세는 코페르니쿠스 천문학 자체를 이단이라고 여기지는 않았던 것 같다. 그는 코페르니쿠스 천문학이 위험한 학설이기는 하지만 신은 어떤 일이라도 행하는 전능한 존재이므로 태양 중심설도 가설 수준에서는 말할 수 있다는, 조금 열린 태도를 지닌 인물이었다.

그래서 갈릴레오는 적어도 가설 수준에서는 지동설을 얘기할 수 있을 것이라 생각했다. 출간 전에 검열 당국과도 여러 차례 책의 내용을 맞추어 나갔다. 코페르니쿠스 천문학을 일방적으로 옹호하는 게 아니라 새로운 천문학과 전통 천문학을 모두 '공정하게' 다룬다면 큰 문제는 피할 수 있으리라 생각했을 것이다. 실제로 갈릴레오는 이 책에서 어떤 주제의 대화가 마무리될 때마다, 두 세계관의 쟁점이 무엇인지 정리하는 데 『대화』의 목적이 있을 뿐, 어떤 세계관이 옳은지 따져 결론을 내리는 것이 목적은 아니라고 여러 번 강조하고 있다. 『대화』에는 세 명의 주인공이 등장하는데, 한 사람은 코페르니쿠스의 지지자 살비아티고, 또 한 사람은 프톨레마이오스의 지지자 심플리치오며, 다른 한 사람은 대체로 중립적인 인물 사그레도다. 이 정도의 책이라면 검열관의 눈에 출판되어도 문제가 없다고 보이지 않았을까?

하지만 로마에서 책을 출간하는 일은 순탄치 않았다. 우여곡절 끝에 갈릴레오는 1632년 로마가 아니라 피렌체에서 인쇄 허가를 받아 『대화』를 출간했다. 토스카나 대공 저택에서 화려한 출판 기념회까지 열려, 별 탈 없이 책이 널리 읽히고 갈릴레오는 천문학자로서 더 큰 명성을 얻을 것처럼 보였다. 그러나 로마에서 책에 대한 평판이 점점 나쁘게 퍼져 나갔다. 『대화』에서 우둔한 아리스토텔레스 철학자로 등장해 조롱거리가 된 심플리치오가 교황을 빗댄 인물이라는 소문까지 돌았다.

'공정한 논의'는 말일 뿐이지, 누구나 이 책이 코페르니쿠스를 옹호하고 있음을 알아차릴 수 있었다. 『대화』는 아리스토텔레스 철학과 프톨레마이오스 천문학을 크게 조롱하고 비판했던 것이다. 갈릴레오가 스스로 어떤 결론을 내리려는 게 결코 아니라고, 가설의 수준에서만 얘기하는 것이라고, 자신이 대놓고 코페르니쿠스를 옹호하지는 않는다고 책에서 거듭 말했지만, 이 책이 태양 중심설을 옹호하는 '불온서적'임은 분명해 보였다.

이어 갈릴레오가 1616년 종교 재판 때 받은 특별 명령을 어겼다는 비판이 이어졌다. "지구 운동을 진리로 믿거나 지지하거나 변호하지 말라."는 경고 조처가 교회의 특별 명령이었는지 개인적 경고였는지는 종교 재판 과정에서 내내 쟁점이 되었다. 갈릴레오는 재판에서 자신은 "태양 중심설을 옹호할 수는 없지만 가설 수준에서는 논할 수 있다."는 경고를 받았을 뿐이며 특별 명령까지 받은 바는 없다는 변론을 폈다. 그러나 그의 주장은 받아들여지지 않았고, 고문 위협까지 받는 혹독한 심문을 거쳐야 했다.

갈릴레오는 '공식 이단' 판정보다는 한 단계 낮은 '중대한 이단 혐의' 판정을 받고 무기한 가택 연금에 처해졌다. 그의 나이 예순아홉 살. 하지만 그는 이후 피렌체 근교에 있는 집에서 연금 상태에 놓여 있으면서도 연구와 저술 활동을 멈추지 않았다. 시력마저 잃는 시련을 겪으면서도 또 하나의 기념비적 저작인 『새로운 두 과학에 관한 대화』(*Discorsi e dimostrazioni mathematiche intorno a due nuove scienze*, 1638)를 썼다. 1642년 1월 8일 갈릴레오는 일흔여덟의 나이로 숨은 거두었다. 그해 12월에 영국에서는 또 다른 위대한 과학자 아이작 뉴턴(1642~1727)이 태어난다.

자세히 들여다보기

과학 혁명과 갈릴레오

흔히 16, 17세기에 유럽의 자연 과학 분야에서 일어난 급격한 변화를 일러 '과학 혁명'이라고 말한다. 이 시기에 코페르니쿠스에서 시작해 케플러, 갈릴레오를 거쳐 뉴턴이 완성한 새로운 천문학과 우주론이 등장했다. 또한 갈릴레오, 데카르트, 호이겐스를 거쳐 뉴턴이 완성한 '고전 역학'이 아리스토텔레스 역학을 넘어섰다. 피의 순환 이론이라는 새로운 생리학이 힘을 얻었으며, 미적분 같은 새로운 수학이 등장했다. 과학 분야에 여러 학술 단체들도 생겨났다.

갈릴레오는 이런 과학 혁명을 이끈 주요 인물 중 하나다. 그는 망원경을 써서 처음으로 천체를 관측한 과학사로서 여러 천문학의 발견을 이뤄 냈다. 이런 관측 증거와 수학적 증명을 통해 코페르니쿠스 천문학의 태양 중심설이 자연의 원리라는 사실을 애써 옹호함으로써 당시 유럽 사람들의 우주관을 바꾸는 데 큰 영향을 끼쳤다.

또 갈릴레오는 '물체의 낙하 거리는 시간의 제곱에 비례한다.'는 유명한 법칙을 비롯해 여러 역학 법칙을 발견했다. 그가 '관성'이라는 개념을 쓰지는 않았지만, 그의 역학에는 마찰 없는 수평면에서 공을 굴리면 공은 같은 속도로 계속 굴러 갈 것이라는 관성의 개념이 담겼다.

오늘날 갈릴레오는 어떤 평가를 받을까? 무엇보다 그는 아리스토텔레스 철학이 이분법으로 나누어 놓았던 '천상'과 '지상'의 구분을 허물었으며, 운동 이론과 역학 이론을 하나로 통합하는 데 이바지한 인물이다. 어떤 학자는 "17세기 물리학의 위대한 종합은 네 가지로 나뉜 과학의 요소(천상과 지상, 운동 이론과 역학 이론)가 하나로 통합돼 모든 물체의 모든 운동에 적용되게 되었다는 것이다. 그 첫걸음이 갈릴레오가 1632년과 1638년에 발표한 두 권의 '대화' 책이었다."라고 높이 평가했다. '17세기에 아리스토텔레스 자연 철학에 치명적 공격을 가한 유럽의 3대 인물(갈릴레오, 베이컨, 데카르트)', '서구 문명을 탈바꿈한 몇 안 되는 사상가'라는 평가도 있다.

낡은 과학과
새로운 과학의 충돌

갈릴레오의 날카로운 논리와 번뜩이는 재치가 담긴, 그리고 그에게 곧 닥칠 파란만장한 삶을 예고하는 『대화』. 출간된 지 370여 년이 지난 오늘날 『대화』는 어떤 의미로 남아 있을까? 무엇보다 『대화』는 중세 세계관에서 벗어난 근대 과학 정신이라는 게 어떤 것인지 그 현장의 모습을 생생하게 보여 주는 과학 혁명의 대표 고전이다. 코페르니쿠스의 『천체의 회전에 관하여』(*De revolutionibus orbium coelestium*, 1543)가 태양 중심설을 주창해 근대 과학의 서곡을 울렸다면, 90년 뒤 갈릴레오의 『대화』는 실제 증거와 증명을 토대로 가설에 지나지 않던 코페르니쿠스 학설을 입증해 17세기 유럽 사람들에게 근대 과학의 충격을 전해 준 책이었다. 그래서 갈릴레오는 과학 혁명의 서막을 연 코페르니쿠스와 중력 법칙을 발견해 과학 혁명의 결정판을 이룬 뉴턴을 이어 준 과학자로도 평가받는다.

　그렇다면 『대화』에서 갈릴레오는 코페르니쿠스를 어떻게 옹호

니콜라우스 코페르니쿠스
1473~1543

코페르니쿠스는 지구가 태양 둘레를 돈다고 주장해
우주관에 혁명을 일으켰다. 그림은 코페르니쿠스가
태양 중심의 우주 체계를 완성하는 모습이다.

했을까? 그건 생각처럼 쉬운 일이 아니었다. 코페르니쿠스를 대놓고 지지하는 일이 쉽지 않았던 이유는 무엇보다 가톨릭 당국이 태양 중심설을 이단으로 몰아 금한 탓이 컸다. 그리고 날마다 우리 눈앞에서 태양이 뜨고 지는 것을 보고 있는데, 태양이 아니라 지구가 움직인다는 주장은 상식적으로 받아들이기 어려웠을 것이다. 지금에야 우리는 코페르니쿠스가 당연히 옳다고 얘기하지만, 갈릴레오가 『대화』를 쓸 무렵에 코페르니쿠스 천문학은 주류 학계에서 받아들여지지 않았다. 오히려 생긴 지 100년도 안 되는 이 신생 학설의 허점을 공격하는 여러 반론이 프톨레마이오스 천문학자들 사이에서 제기되었다. 갈릴레오는 『대화』에서 이런 갖가지 공격을 하나하나 따지며 세심하게 반박해야 했다.

코페르니쿠스 천문학을 공격하는 당시 과학계와 철학계의 주장에는 무엇보다도 지구가 '움직이지 않는 우주 중심'이라는 굳건한 믿음이 자리 잡고 있었다. 가장 단순한 논리는 이런 식이었다. 지구가 하루 한 번씩 자전한다면 그 속도가 엄청날 것이다. 그런데 지구 표면에 사는 우리가 그런 엄청난 속도를 전혀 느낄 수 없으니 지구는 자전하지 않는 게 분명하다는 것이다. 오늘날 과학자들은 지구의 자전 속도가 시속 1660킬로미터 정도이며, 평균 공전 속도는 시속 10만 7천 킬로미터 정도라고 계산한다. 지구가 이렇게 엄청난 속도로 자전한다면 지상의 건물은 물론이고 생물들도 모두 하늘로 날아가 흩어지지 않을까? 또 지상의 물체들도 수직으로 떨어질 리 없지 않을까? 그런데 어디 그런 일이 일어나는가? 전통적인 논리는 아주 단순하면서도 우리 일상 경험과 일치했기 때문에 달리 의심할 수 없었다.

갈릴레오는 『대화』에서 여러 증명과 증거를 가지고 이런 주장을 반박하고 코페르니쿠스를 옹호했다. 대표적인 것을 하나 꼽으면 이런 식이었다. 프톨레마이오스 천문학이 말하듯이 지구가 정지해 있고 지구를 뺀 모든 행성과 별들이 하루 한 바퀴씩 지구 둘레를 회전하는 이 엄청난 일이 하루도 빠짐없이 일어나는 게 정말 가능한가? 저 머나먼 별들이 날마다 지구 둘레를 한 바퀴 돌자면 그 속도는 또 얼마나 엄청날 것인가? 행성들의 불규칙한 운행 현상을 이해하려면 또 얼마나 복잡한 계산이 필요한가? 갈릴레오는 "그저 지구 하나만 운동한다고 보면 이 모든 복잡한 문제가 쉽게 풀린다."는 점을 거듭 강조했다. 억지로 끼워 맞추기가 아니라 이처럼 자연스럽고 단순명쾌한 게 바로 참된 지식이 아니냐고 반문한다. 그 증거는 망원경 관측이나 다른 자연 현상들에서도 찾을 수 있다며 여러 증거를 『대화』에서 제시했다.

종교 교리에 기댄 신학자들의 공격도 거세었다. 성서의 기록이 이런 공격의 근거였다. 하나님이 태양에 운동을 부여하고 지구는 정지 상태로 놓았다고 해석되는 성서의 몇몇 구절은 코페르니쿠스 천문학을 공격하는 데 자주 인용됐다. 이런 반론은 성서 구절을 문자 그대로 믿으려 했던 신자들에게 호소력을 지니는 것이었다. 여러 성직자와 신학자는 전능한 신이라면 사람들이 도무지 생각할 수조차 없는 어떤 방식으로도 세계를 움직일 수 있다고 주장했다. 아무리 태양 중심설을 지지하는 증거가 제시되고 지구 중심설로는 다 설명할 수 없는 어떤 자연 현상이 나타난다 해도, 지구가 운동하지 않는 방식으로 세계를 창조하고 운행할 수 있는 전능함을 신은 지닌다는 것이었다.

갈릴레오는 이런 식의 반론을 잘 알고 있었지만, 『대화』에서 신학자들의 반론을 자세히 다루지는 않았다. 다만, 그는 성서를 문자 그대로 해석하지 않는다면 태양 중심설이 종교 교리에 어긋나지 않는다는 점을 말하면서 종교와 과학이 갈등할 이유가 없음을 강조했다. 또한 그는 인간도 수학과 기하학이라는 도구에 의지한다면 인간의 한계 안에서 어떤 '확실한 지식'에 도달할 수 있다고 믿었다.

자세히 들여다보기

코페르니쿠스

태양 중심설을 주창한 니콜라우스 코페르니쿠스의 삶도 몇 가지 점에서 갈릴레오의 삶과 비슷했다. 에름란트라는 유럽의 변방에서 태어난 코페르니쿠스는 밤하늘의 별들에 호기심을 키우던 어린 시절을 보냈다. 그렇지만 가톨릭 주교인 삼촌의 권유에 따라 대학에서 법률과 의학을 공부했다. 당시엔 안정적 신분인 수도사까지 되었으나, 그는 끝내 천문학을 하고자 했던 뜻을 놓지 않았다.

젊은 시절 그는 중세 천문학의 위대한 교과서로 통하던, 고대 천문학자 프톨레마이오스의 역작 『알마게스트』에 결정적 오류가 있다는 사실을 발견했다. 이후 태양 중심 천문학의 진리를 찾아 나서는 삶을 살았다. 하지만 지구가 태양 둘레를 돈다는 '불온한 천문학'을 얘기하던 그에게 돌아온 것은 가톨릭 교단의 경고와 세상의 경계, 그리고 조롱이었다.

역작 『천체의 회전에 관하여』는 그가 숨지기 직전에 출판됐다. 그가 근대 과학의 탄생에 끼친 영향은 크나컸으며, 그래서 요즘에도 획기적 발상의 전환이 나타날 때를 가리켜 '코페르니쿠스의 혁명' 또는 '코페르니쿠스적 전환'이라고 말한다.

낡은 과학과 새로운 과학의 충돌

『대화』는 당시 철학과 과학에 나타난 낡은 세계관과 새로운 세계관이 어떻게 충돌하고 있었는지 잘 보여 준다. 충돌은 몇 가지 관점에서 다르게 읽을 수 있다. 가장 흔한 관점은 『대화』를 '종교와 과학의 충돌'로 보는 것이다. 이런 구도에서 보면, 갈릴레오는 종교적 신화에 거리낌 없이 맞선 과학 정신의 지킴이로, 그리고 로마 교황청은 진리를 억누르는 권위자로 그려진다. 실제로 종교 재판소는 태양 중심설을 주창한 코페르니쿠스의 책을 이단 서적으로 판정하고 갈릴레오를 연금하지 않았던가.

『대화』가 종교 재판의 빌미가 되었으니 이 책을 종교와 과학의 충돌로 읽는 것도 당연하다. 하지만 이런 시각에 갇혀 읽다 보면,

이 한 권의 책을 둘러싸고 벌어진 복잡한 상황을 보지 못하게 된다. 갈릴레오가 책을 쓰기로 결심한 동기와 과정, 또 그가 오래전부터 여러 성직자의 후원을 받은 과학자였다는 상황 따위는 갈릴레오가 이 책을 종교에 맞설 목적으로 쓰지는 않았음을 보여 준다. 갈릴레오는 종교의 권위에 정면으로 맞서려 하지 않았고 종교와 과학이 조화를 이룰 수 있다고 믿은 신중한 인물이었다. 다만 종교 재판은 그가 미처 예측하지 못한 채 일어난 뜻밖의 상황이었을 가능성이 크다.

종교와 과학의 충돌을 피하고자 갈릴레오가 『대화』를 어떤 독특한 방식으로 구성했는지 살펴보는 것도 이 책을 읽는 묘미다. 그는 종교 당국의 검열을 통과하려고 태양 중심설을 자신이 직접 얘기하지 않고 살비아티라는 가상 인물을 통해 대화 형식으로 전했다. 또한 태양 중심설은 다 입증된 결론이 아니라 하나의 가설일 뿐이라고 거듭 강조했다. 가톨릭 검열 당국의 요주의 인물인 그가 "당국 검열 필"을 받고 책을 세상에 낼 수 있었던 건 이런 책의 구성 덕분이었다.

이 책을 다른 관점에서 읽을 수 있는데, 바로 '새로운 과학과 낡은 과학의 충돌'로 보는 것이다. 낡은 과학이란 지구 중심설을 주장하는 프톨레마이오스의 천문학과 그것의 이론적 바탕인 아리스토텔레스의 자연 철학이다. 그리고 새로운 과학이란 당시 막 등장한 근대 과학을 말한다. 사실 『대화』를 읽다 보면, 아리스토텔레스 자연 철학을 조롱하며, 또 그 철학과 한통속을 이룬 프톨레마이

아리스토텔레스
B.C. 384~B.C. 322

프톨레마이오스 천체도

프톨레마이오스 천문학은 아리스토텔레스 자연 철학에 뿌리를 두고 있다.
따라서 천동설을 무너뜨리고자 했던 갈릴레오는
아리스토텔레스와 맞설 수밖에 없었다.

오스 천문학이 왜 참된 지식이 될 수 없는지 신랄하게 비판하는 내용이 책의 대부분을 차지함을 쉽게 알 수 있다. 갈릴레오는 책 서문에서도 낡은 과학과 철학의 문제를 지적하려는 것이 이 책을 쓰는 까닭임을 내비쳤다.

이런 점에서 『대화』는 과학 혁명의 주역 중 한 사람인 갈릴레오가 낡은 과학에 문제를 제기하고 새로운 과학을 주창한 책이라 볼 수 있다. 그만큼 이 책에는 근대 과학 정신이 무엇인지 잘 드러나 있다. 무엇이 자연의 참된 지식인가? 새로운 과학은 왜 참된 지식이 될 자격이 있는가? 이런 주제를 중심으로 책을 보기 바란다. 참된 지식의 토대를 이성과 합리성에서 찾으려 했던 갈릴레오의 끈질기고도 진지한 탐구 자세를 자주 만날 수 있을 것이다.

갈릴레오는 왜 아리스토텔레스 자연 철학을 공격하나?

갈릴레오의 목적은 태양 중심설이 옳음을 주장하기 위해 지구 중심설을 무너뜨리는 것이다. 언뜻 보기에, 그의 적수는 지구 중심설을 주장하는 프톨레마이오스 천문학인 듯하다. 그런데 프톨레마이오스 천문학은 아리스토텔레스 자연 철학의 기반 위에 굳건히 서 있다. 따라서 천동설에 맞서 승리하려면, 그 이론의 바탕인 아리스토텔레스 자연 철학을 무너뜨려야 한다. 그래서 갈릴레오는 『대화』에서 아리스토텔레스 자연 철학에 맞서 힘든 싸움을 벌인다. 『대화』를 읽기 위해서는, 먼저 아리스토텔레스의 자연 철학에 대해서 반드시 알아봐야 하는 이유가 여기에 있다. 그러니 아리스

〈4원소〉
얀 브뢰겔, 17세기

고대 그리스인들이 세계를 이루는 근본 요소라 보았던 물, 불, 흙, 공기가
신화적으로 표현되어 있다. 아리스토텔레스도 지상의 모든 물체는
물, 불, 흙, 공기의 4원소가 섞여 이루어졌다고 보았다.

토텔레스 자연 철학의 핵심만 간략하게 살펴보자.

아리스토텔레스 자연 철학에서 눈에 띄는 특징은 지상 세계와 천상 세계를 아주 다른 세계로 나누어 본다는 점이다.

먼저 지상 세계를 보자. 아리스토텔레스는 지구가 4원소로 이루어져 있다고 보았다. 4원소는 바로 흙, 물, 공기, 불이다. 지상에 있는 모든 물체는 이 4원소가 적절한 비율로 섞여 구성된다. 그리고 4원소는 변화하고 부패한다. 이들 원소가 변하기 때문에 지구에서는 계절의 변화와 생물의 생로병사 같은 변화가 일어난다.

4원소 중 흙과 물은 무겁다. 그래서 '아래로 향하는 운동'을 한다. 강제로 힘을 가하지 않아도 흙과 물은 아래로 향한다. 반면 공기와 불은 가볍다. 그래서 '위로 향하는 운동'을 한다. 아리스토텔레스는 아래로 향하는 운동과 위로 향하는 운동을 '자연 운동'이라고 했다. 굳이 물체에 힘을 가하지 않아도 그 속성에 따라 위로 올라가거나 아래로 떨어지기 때문이다. 이에 비해 물체에 힘을 가해 강제로 움직이게 하는 운동은 '강제 운동'이라 했다. 강제 운동

자연 운동과 강제 운동	
자연 운동	힘을 가하지 않아도 저절로 이루어지는 운동
강제 운동	힘을 가해 강제로 움직이게 하는 운동

지상에서 일어나는 자연 운동	
위로 향하는 운동	공기, 불은 본성적으로 위로 올라감
아래로 향하는 운동	흙, 물은 본성적으로 아래로 내려감

은 위로 향하는 운동이나 아래로 향하는 운동처럼 물체의 속성에 따라 일어나는 운동이 아니다. 힘을 주어야 일어나는 운동이다.

그럼 천상 세계는 어떠한가? 천상 세계는 지상 세계와는 다른 제5원소로 이루어져 있다. 바로 에테르다. 에테르는 지상의 물체와는 달리 순수하고 신비로운 물질로서 질량이 없다. 또 그것은 영원히 변하지 않는다. 그래서 하늘의 별도 영원히 변하지 않는다. 천상의 물질인 에테르에 마름, 축축함, 차가움, 따뜻함이라는 네 가지 성질이 더해지면 앞서 말한 지구의 물질인 4원소가 생긴다. 천상 세계가 지상 세계와는 달리 영원히 변하지 않는 물질로 이루어진 것처럼, 이곳에서는 지상 세계와는 다른 자연 운동을 한다. 시작도 끝도 없는 영원한 운동이다. 그것이 무엇인가? 바로 원운동이다.

아리스토텔레스는 원을 영원불변과 완벽함의 상징으로 여겼다. 이렇게 우주 만물의 완전함을 원에서 찾으려 한 태도는 아리스토텔레스의 자연 철학을 더 체계화한 프톨레마이오스 천문학에서 잘 나타난다. 그뿐만 아니다. 코페르니쿠스와 갈릴레오도 원을 완전함으로 이해하는 전통을 따른다. 원을 중시하는 갈릴레오의 태도는 『대화』에서도 자주 볼 수 있다.

아리스토텔레스 자연 철학에 흥미로운 점이 또 있다. 달을 지상 세계와 천상 세계 사이에 놓인 중간 세계로 여겼다는 점이다. 이런 특성 때문에 달은 천상 세계의 완벽함에는 이르지 못하고 부분적으로 불완전함을 지니는 세계로 보았다. 지구부터 달까지가

	구성 물질	속성	자연 운동
천상계	에테르	영원	원운동
지상계	흙, 물, 공기, 불	변화	직선 운동

지상 세계이고, 달의 위쪽에 완벽하며 영원히 변하지 않는 천상 세계가 있다고 보았다.

앞으로 이 자연 철학을 두고 불꽃 튀는 논쟁이 벌어질 것이다. 대화 첫째 날부터 갈릴레오는 오랫동안 진리로 여겨졌던 아리스토텔레스 운동 이론이 정말 맞는 것인지 의문을 제기하며 도전장을 내민다.

한편 『대화』를 보면 갈릴레오가 아리스토텔레스 철학을 대하는 태도와 공격하는 방식이 매우 신중하다는 것을 알 수 있다. 대놓고 비판을 하거나 배척하지 않고, 그 철학의 내용을 일목요연하게 정리하며 군데군데 드러나는 허점을 날카롭게 짚어 내는 방식을 취한다. 이처럼 세심한 비판을 하는 데엔 다 이유가 있다. 그건 바로 아리스토텔레스 철학이 당시 종교와 학문 세계에서 차지한 비중이 엄청나게 컸기 때문이다. 그 철학이 자연을 바라보는 이론과 종교적 교리를 떠받치는 밑바탕이 되었기에, 비판하더라도 세심해야 했다. 또 바로 그 이유 때문에 아리스토텔레스 철학의 허점을 하나둘 짚어 내는 것은 매우 중요한 문제였다.

중세의 아리스토텔레스 철학

아리스토텔레스 철학이 당시에 어떤 지위를 누리고 있었는지 그 역사를 되짚어 보자. 아리스토텔레스 철학은 12세기까지만 해도 기독교 교리와 어긋난다 하여 신학자와 성직자들 사이에서는 정통의 학문으로 받아들여지지 않았다. 아리스토텔레스는 우주가 변하지 않고 영원하다고 보았으며, 모든 자연 현상이 원인과 결과로 설명될 수 있다고 보았다. 그렇기 때문에 우주의 창조와 종말을 인정하고 신의 전지전능을 강조하는 기독교 교리와 조화를 이루기 힘들었다. 13세기에 종교계에서는 이런 학문을 금지하는 움직임까지 나타나 심한 논쟁이 벌어지기도 했다.

그러다가 스콜라 철학자인 토마스 아퀴나스(1224?~1274)를 비롯한 여러 신학자가 새로운 견해를 제시하면서 아리스토텔레스 철학에 대한 대접이 달라졌다. 그들은 아리스토텔레스의 자연 철학이 기독교 교리에 어긋나지 않는다는 해석을 내놓았다. 차츰 이런 해석이 널리 받아들여지면서, 그 철학은 오히려 기독교 교리의 한 축을 이루기 시작했다. 시간이 흐르면서 아리스토텔레스 철학은 신학의 기초가 되었으며, 중세의 대학에서도 널리 탐구하고 가르치면서 절대 권위의 전성기를 누렸다. 17세기 갈릴레오의 시대는 아리스토텔레스 철학의 권위가 흔들리던 때였으나, 그렇다 해도 그 권위는 가톨릭교회의 권위만큼이나 여전히 굳건했다.

『대화』의 표제지

표제지에는 출판 사항과 함께 책 내용의 핵심이 간결하게 정리되어 있다.

이제, 『대화』의 책장을 넘기기 위한 준비를 마쳤다. 책장을 넘기면 가장 먼저 앞쪽의 그림과 같은 『대화』의 표제지가 나온다. "대화"라는 책 제목이 눈에 띈다. 지은이는 갈릴레오 갈릴레이, 피사대학교 수학 교수를 지냈으며 이탈리아에서 이름난 과학 학술 단체인 린체이 학회 회원이고, 무엇보다도 지체 높으신 토스카나 공국 대공 전하의 전속 철학자 겸 수석 수학자시란다. 이 정도의 직함이면 지은이가 당대에 꽤나 이름난 학자였으리라 쉽게 짐작할 수 있다.

다음 구절은 두툼한 책을 단 한 문장으로 요약해 소개한다. "나흘 동안 두 가지의 주된 세계관, 프톨레마이오스 체계와 코페르니쿠스 체계에 관하여 그 철학적 및 자연적 원인을 어느 한쪽에 치우치지 않고 공정하게 논하다." 여기에서 체계니 세계관이니 하는 말은 지구, 달, 행성, 태양, 별의 우주 세계가 어떻게 이뤄져 있고 어떻게 움직이는지 밝히는 이론 체계를 말한다. 쉽게 말해, 우주론이라 해도 될 만하다. 이 책이 쓰인 17세기에는 크게 보아 두 가지 세계관 또는 우주론이 있었다. 하나는 지구 중심설을 주창한 오랜 전통의 프톨레마이오스 천문학이며, 다른 하나는 생긴 지 100년이 안 된 코페르니쿠스 천문학이었다. 갈릴레오는 이 책에서 두 우주론을 본격적으로 비교하며 다룬다.

그런데 '어느 한쪽에 치우치지 않고 공정하게 논하다.'라는 말은 왠지 심상찮게 들린다. 그저 두 세계관이 이러저런 것이라고 소개하는 데 그치지 않고 '공정한 논의'를 하겠다고 하니, 이 말을 곱씹어 보면 당시에 두 세계관 사이에는 어떤 다툼이나 경쟁이 있었던 게 분명해 보인다. 사실이 그랬다. 지금이야 코페르니쿠스 태양 중심설이 근대 천문학의 서곡쯤으로 평가받지만, 코페르니쿠스가 태양 중심설을 주창한 16세기 이래 두 세계관의 긴장 관계는 갈릴레오 시대에도 이어졌다.

유럽 지식인들 사이에서는 지구 운동설 대 지구 정지설, 태양 중심설 대 지구 중심설 중에 무엇이 참인지를 두고 '물밑 논란'을 거듭하고 있었다. 상황이 이러하니, 오랜 전통의 프톨레마이오스 천문학과 새로 등장한 코페르니쿠스 천문학을 다루는 책이라면 크건 작건 또다시 논쟁을 불러일으킬 게 뻔했다. 더욱이 유명 인사인 갈릴레오 선생이 금지된 태양 중심설을 다뤄 논하시겠다니 세상의 관심은 크게 쏠릴 게 분명했다. 이런 분위기를 생각하지 않을 수 없는 갈릴레오가 자신의 책이 '공정한 논의'를 한다고 강조하는 건 당연한 일이다.

아래에 "피렌체 : 조반 바티스타 란디니, 1632"라는 구절은, 이 책이 토스카나 공국의 번화한 도시인 피렌체에서 1632년에 발간됐으며 출판업자인 조반 바티스타 란디니가 인쇄와 제본을 했음을 알려 준다. 출판업자는 아홉 달 동안 인쇄 작업을 벌여 1632년 2월 21일에 당시로서는 큰 발행 규모인 1000부나 출간했다고 한다. 최종 출판 작업을 끝낸 다음 날인 22일 일요일에 토스카나 대공의 궁정에서는 축하연이 열렸다. 요즘 말로 출판 기념회인데, 지금과 다른 것은 지은이 갈릴레오가 자신의 후원자인 토스카나 대

『대화』의 속표지

대화 형식으로 쓰인 이 책에서는 코페르니쿠스 천문학을 대변하는 살비아티,
아리스토텔레스 철학과 프톨레마이오스 천문학을 지지하는 심플리치오,
그리고 사회자 사그레도가 출연해 천문학 토론을 벌인다.

공에게 책을 헌정하는 형식으로 치러졌다는 점이다.

마지막 구절인 "당국 검열 필"에서는 어떤 긴장을 느끼지 않을 수 없다. 이 구절만 보더라도, 갈릴레오 갈릴레이의 이름을 길이 빛낸 그의 역작 『대화』가 녹록찮은 시대 분위기에서 출간됐음을 눈치 챌 수 있다. 오늘날 우리가 알다시피 이 책은 갈릴레오를 종교 재판소 법정에 서게 만든 사건의 문제작인 것이다.

자, 그럼 이제 갈릴레오가 마련한 토론 장소로 가 보자.

첫째
날

아리스토텔레스의
절대 권위에 의심을 품다

3

17세기, 우주론의 대논쟁이 열렸다. 토론 현장은 이탈리아 베네치아에 사는 귀족 사그레도의 저택. 토론회는 나흘 동안 이어질 예정이다. 결론을 내지는 못해도 그동안 쉬쉬하며 못 했던 말들을 다 하겠다는 식의 '끝장 토론'이다. 생방송으로 중계되는 방송 토론회는 아니더라도, 갈릴레오의 기획과 연출 솜씨가 돋보이는 가상의 심층 토론회는 책의 지면을 통해 독자들에게 중계된다.

연출자 갈릴레오가 배역을 정한 세 사람을 먼저 소개하자. 피렌체에서 온 "고매한 지성인" 필리포 살비아티, "빼어난 기지를 갖춘" 베네치아 귀족 조반니 프란체스코 사그레도, 그리고 "마음 착한 아리스토텔레스 철학자" 심플리치오가 토론회에 참석한 패널이다. 이 중 코페르니쿠스 편에 선 살비아티, 그리고 아리스토텔레스 편에 선 심플리치오가 논쟁의 두 주인공이다. 책을 읽다 보면 눈치 채겠지만, 살비아티는 바로 연출자 갈릴레오를 대변하는 인물이다. 사그레도는 대체로 그 중간에 서서 맞수 논쟁에 사회자 격으로 참여한다.

〈네 명의 철학자〉
폴 루벤스, 1612년

네 명의 철학자가 토론을 벌이는 이 그림은 자유로운 토론 문화가 발달했음을
보여 준다. 갈릴레오가 『대화』에서 가상의 심층 토론회를
마련할 수 있었던 것은 당시에 토론 문화가 발달했기 때문일 것이다.

첫째 날 대화는 지상과 천상의 얘기로 시작한다. 흙, 물, 불, 공기의 물질로 이뤄진 지상 세계와, 끝없이 펼쳐진 하늘의 천상 세계는 어떻게 다를까? 돌멩이가 땅바닥으로 떨어지는 운동이 천상에서도 일어날까? 천상에서는 완전히 다른 운동 법칙이 작용할까? 지상과 천상은 정말 다른 물질로 이뤄져 있어 완전히 다른 두 세계일까?

이 토론에서 두 가지 운동 이론이 쟁점으로 떠오른다. 심플리치오가 옹호하는 아리스토텔레스의 운동 이론과 갈릴레오가 내세우는 새로운 과학의 운동 이론이 맞서는 형국이 펼쳐진다. 두 운동 이론은 우주론과도 깊은 관련이 있기 때문에, 이어지는 대화에서도 자주 등장한다.

세상은 세 가지일 때 완벽하다?

아리스토텔레스 철학에서 자연의 세계는 어떤 모습으로 비쳤을까? 아리스토텔레스 철학자들은 우리 눈앞에 펼쳐진 자연 그 자체가 완벽함을 보여 준다고 말한다. 또 완벽하니까 변하지도 않는다. 아리스토텔레스 철학자 심플리치오도 세상은 완벽하다는 주장을 편다. 심플리치오는 '처음과 중간, 마지막'을 보여 주는 3이라는 숫자는 본래 완벽을 상징하는데, 이 세상도 3차원 입체이므로 '세상은 완벽하다.'고 주장한다. 아리스토텔레스 논리학의 삼단 논법조차 3을 보여 주지 않는가?

살비아티가 보기에 이런 주장은 아무런 필연성도 증명하지 못하는, 그야말로 어처구니가 없는 말이다. 그래도 꾹 참고! 살비아티는 아리스토텔레스 철학에 담긴 운동 이론을 간단히 정리하면서, 다시 '3의 완벽함'을 들먹인다.

> **살비아티**: 아리스토텔레스는 원운동과 직선 운동, 이 두 가지를 단순 운동이라고 말하지요. (……) 원운동은 중심의 둘레를 도는 운동이며, 직선 운동은 중심에서 멀어지는 상승 운동과 중심을 향하는 하강 운동을 한다고 말합니다. 그러고는 단순 운동은 모두 다 세 가지, 그러니까 중심을 향한 운동, 중심에서 멀어지는 운동, 중심 둘레를 도는 운동에 속할 수밖에 없다는 추론을 이끌어 내지요. 그분이 말씀하시길, 이런 추론이야말로 조금 전에 물체에 관해 얘기했던 바와 아름답게 조화를 이룬다고 하지요. 곧, 물체가 삼차원일 때 완벽하듯이 운동도 세 가지일 때 완벽하다는 식입니다.(16)

새로운 과학의 대변자 살비아티는 지금 아리스토텔레스 철학의 놀라운 '3의 완벽함' 증명에 고개를 끄덕이는 게 아니다. 그가 아리스토텔레스 이론을 소개하는 데엔 뭔가 삐딱한 구석이 있다. 위대한 철학자 아리스토텔레스가 모든 단순 운동은 세 가지일 뿐이라고 한 증명에는 '왜 반드시 그렇게 돼야 하는지' 누구나 수긍할 만한 필연이 빠져 있다. 게다가 자연 현상의 진짜 원인은 찾으려 하지도 않은 채 이미 정해진 어떤 원리에 맞춰 설명하는 '맞춤형 증명' 같다는 의구심이 그 말에 담겨 있다. 맞춤형 증명! 그게 바로 갈릴레오가 여기에서 은연중에 드러내고자 하는 아리스토텔레스 철학의 허점이다. 듣고 있던 사회자 사그레도가 맞장구친다.

> **사그레도**: 아리스토텔레스는 세계에는 오직 한 가지의 원운동만
> 이 존재하고, 따라서 중심도 오직 하나만이 존재한다고 여기는
> 것처럼 보여요. 그러면서 상승 운동과 하강 운동도 그 중심에 대
> 해서만 일어난다고 말하지요. 이 모든 얘기를 듣다 보면, 그분이
> 소매에 미리 감춰 둔 카드 패를 슬며시 끄집어 내고 있다는 생각
> 도 들고, 설계의 지침에 따라 건물을 짓는 게 아니라 건물에 맞춰
> 설계를 하는 것은 아닌지 하는 생각도 듭니다.(17)

중립에 서야 할 사그레도가 아리스토텔레스 철학을 "건물에 맞춰 설계를 하는" 것 같다고 말할 정도다. 열렬한 코페르니쿠스 지지자가 아니더라도 허심탄회하게 얘기하다 보면 철옹성 같은 권위를 지닌 아리스토텔레스 철학에도 뭔가 미심쩍은 문제가 있을 수 있음을 저절로 깨닫게 될 것만 같다. 아리스토텔레스의 권위에 기죽지 말고 의문을 제대로 따져 보자는 분위기가 대화 초반부터 영글어 간다.

"직선 운동은 불완전, 원운동은 완전"

지금 대화의 주제는 아리스토텔레스 철학의 운동 이론이다. 이 이론에서는 직선 운동과 원운동이라는 단순 운동, 그리고 원과 직선

권위 있는 아리스토텔레스 논리학

아리스토텔레스 논리학의 권위를 잘 보여 주는 16세기의 그림이다.
왼쪽부터 아리스토텔레스의 논리학, 키케로의 수사학,
튜발 음악의 명예로움을 묘사하고 있다.
심플리치오는 아리스토텔레스의 권위에 기대어 주장을 펼친다.

의 복합 운동 중에서 원운동만이 유일하게 '완벽한' 운동으로 여겨진다. 원을 완전과 완벽의 상징으로 바라본 것은 아리스토텔레스 철학의 특징이면서도, 사실 고대부터 중세, 그리고 근대에도 그 흔적이 이어진 전통적 인식의 하나였다. 아니, '더도 말고 덜도 말고 한가위 보름달만 같아라.'고 하는 우리네 생각에도 원은 완벽하다는 오랜 인식이 담겨 있지 않을까? 그렇게 보면 동서고금을 통틀어 원이 완전하고 충일하다는 믿음은 다 한가지인 듯하다.

갈릴레오를 대변하는 인물인 살비아티도 원운동이 완벽한 운동이며 천상 세계에선 완전한 원운동이 일어난다는 점에는 동의한다. 아리스토텔레스 말처럼 세상이 완벽하다면 완벽하지 않은 직선 운동이 왜 존재하느냐며 그 논리의 허점을 따지기는 하지만 말이다.

어쨌든 이런 믿음은 행성의 타원 운동을 발견하는 데 장애가 되었다. 갈릴레오와 비슷한 시대를 살았던 케플러는 행성들이 타원을 그리며 태양 둘레를 회전한다는 행성 운동 법칙을 발견했다. 그렇지만 천체들의 완전한 원운동을 믿어 의심치 않았던 갈릴레오는 실제의 타원 운동을 파악하는 데까지 나아가지는 못했다. 또한 갈릴레오는 원운동을 등속 운동*으로 이해했다. 이런 인식은 원운동이 본래 등가속도 운동**이라는 점을 놓치고, 가속은 지상

---

*속도가 일정한 운동. 힘이 작용하지 않으면 물체는 이 운동을 한다.
**속도가 일정하게 빨라지는 운동. 일정한 힘을 받으면 물체는 이 운동을 한다.

에서 물체가 낙하할 때에만 일어난다고 보는 한계를 드러내는 것이었다. 갈릴레오의 믿음은 다음 살비아티의 말에서 엿볼 수 있다.

살비아티: 원운동만이 본질적인 등속을 유지한다고 봅니다. 왜냐하면 가속은 물체가 자기 속성에 따라 되돌아가려는 어떤 점 쪽으로 나아갈 때에 일어나는 것이고, 감속은 그런 점에서 멀어지지 않으려 할 때에 일어나는 것이기 때문이지요.

원운동에서 물체는 자연히 정해진 원주(원둘레)의 점들을 끊임없이 벗어나고 다시 거기에 도착하는 겁니다. 그러니까 원운동에서 벗어나려는 힘(원심력)과 안쪽으로 끌리는 힘(구심력)은 언제나 평형을 이루지요. 이런 평형 덕분에 속도가 늦춰지거나 가속되는 법이 없어요. 운동이 등속을 유지한다는 말이죠. 등속성 덕분에 원운동은 반복 회전을 하며 영구히 지속되지요.(35~36)

갈릴레오가 아리스토텔레스처럼 원운동을 완벽한 운동이라고 믿었다 해도 그 근거는 서로 크게 달랐다. 살비아티는 수학적이고 기하학적인 근거를 들어 원운동이 완벽하다고 말한다. 곧, 가속이나 감속 없이 언제나 같은 등속 운동을 하기 때문에 완벽하다는 것이다.

반면에 아리스토텔레스 철학자들은 불완전한 지상 세계와 달리 천상 세계는 완전무결하기에 천상에서 이루어지는 원운동도 완벽하다고 말한다. 사실 천상 세계와 지상 세계의 물질 속성이 다르고, 또한 운동 법칙도 다르다고 본 점은 아리스토텔레스 자연 철학의 두드러진 특징 중 하나다. 이런 관점은 아리스토텔레스 자연 철학의 '제1원리'라 할 수 있을 만큼 그 자연 철학의 뼈대를 이루고 있다.

그런데 정말 지상 세계와 천상 세계는 전혀 다른 것일까? 천상 세계에는 전혀 다른 운동 법칙이 작용하는 것일까? 갈릴레오는 『대화』에서 '천상과 지상의 이분법'을 기회 있을 때마다 공격하면서, 천상과 지상은 다르지 않으며 같은 자연법칙으로 설명할 수 있다는 점을 강조한다. 아리스토텔레스 운동 이론에 대해 살비아티가 이런저런 의문을 제기하자, 마침내 심플리치오가 발끈해서 아리스토텔레스 철학을 치켜세우며 나선다.

> **심플리치오**: 아리스토텔레스 선생은 우리 감각으로 알 수 있는 실험이야말로 어떤 뛰어난 논증보다도 앞선다는 철학을 제시하셨지요. 또 우리 감각으로 얻은 증거를 거부하는 사람들은 감각을 잃어 벌을 받게 마련이라고도 말씀하셨어요. 그런데 도대체 누가 눈이 멀었기에 무거운 물체인 흙과 물이 (전체에서 떨어져 나온 부분이 될 때) 자연스럽게 낙하하는 것을, 곧 우주 중심을 향해 떨어지는 것을 두 눈으로 보지 못한단 말입니까? 자연의 속성으로 볼 때 직선 하강 운동의 목적지이자 종착지가 중심이지 않습니까? 마찬가지로 대체 누가 불과 공기가 달의 궤도 쪽을 향해 상승하는 걸 두 눈으로 보지 못한단 말입니까? (……) 그러니 다음과 같이 참되고

자명한 결론을 내릴 수 있습니다. 흙의 자연 운동은 중심을 향하는 직선 운동이며 불의 자연 운동은 중심에서 벗어나는 직선 운동이라고 말입니다.(36~37)

사실 곰곰이 생각해 보면 심플리치오가 말했듯이 자연 운동의 원리를 설명하는 아리스토텔레스 철학은 어떤 헛된 관념에서 시작한 게 아니라 바로 우리의 일상 경험에서 생겨난 것이다. 서울에 사는 김 아무개 씨나 부산에 사는 이 아무개 씨나 다 겪는 상식적 경험이라면 자명한 진리의 근거가 될 만하지 않겠는가? 누가 여기에 의문을 제기할 수 있단 말인가? 아리스토텔레스 철학에서는 이처럼 상식적 경험이 진리가 될 만한 자격을 얻고, 달리 의심할 수 없는 진리로 받아들여진다. 그러나 이런 상식적 경험은 엄밀하게 따져 보면 허점투성이다. 그래서 갈릴레오는 이런 아리스토텔레스 철학의 태도에 대해 집요하게 공격한다.

과연 지구의 중심이 곧 우주의 중심인가?

한편 심플리치오가 한 말에는 주의 깊게 들어야 할 말이 또 있다. 본래 무거운 원소인 흙이 중심을 향하는 것은 자연의 이치이므로, 흙이 땅바닥으로 떨어지는 것은 바로 지구라는 땅덩어리가 우주의 중심임을 보여 주는 증거라는 식으로 말한 대목이다. 곧, "흙은 중심을 향해 떨어지는 게 자연 원리다.", "지구는 중심을 향해 떨어지는 흙으로 이뤄졌다.", "따라서 지구는 우주의 중심이다."라는 식의 논리다. 이런 주장은 지구 중심설을 증명하는 논리로 널리 사용됐다. 얼토당토않은 이 논리를 무너뜨리는 게 이제 살비아티가 할 일이다. 그러나 이때에도 살비아티는 곧바로 정면 비판을 하는 게 아니라 아리스토텔레스 철학을 인용하면서 그 안에 담긴 모순을 슬쩍 들추는 식으로 심플리치오를 당혹스럽게 만든다.

살비아티: 전체에서 떨어져 나와 부분이 된 흙덩이가 우주의 중심을 향해 운동하는 게 아니라 흙 전체와 다시 한몸이 되고자 나아간다고. 그러니까 흙덩이들의 속성은 지구의 중심을 향하는 것이며 그 속성 때문에 흙덩이들이 모여들어 지구를 이루고 있다고 생각해 봅시다. 그렇게 보면, 지구도 무언가 어떤 전체에서 떨어져 나온 부분이라고 생각할 수 있습니다. 그렇다면 이 우주에서 지구가 되돌아가고자 하는 또 다른 '중심'은 무엇입니까? 부분에 적용되는 이치는 전체에도 적용돼야 마땅하지 않겠어요? (……)

부분은 최선의 방식으로 한몸이 되고자 모여들어 공 모양의 전체를 이루죠. 마찬가지로 태양과 달, 그리고 다른 천체들도 그 부분 요소가 모두 조화하는 자연의 속성을 지니기에 공 모양을 이루고 있다고는 믿지 않습니까? 만약 이런 부분들을 전체에서 억지로 떼어낸다면 어찌 될까요? 부분들이 자연의 속성을 좇아 본래의 자리로 되돌아가는 게 당연하겠지요. 그러니, 보세요. 직선 운동이 지상에서만 일어나는 게 아니라 우주의 모든 물체에서도 일어날 수 있다는 결론을 얻을 수 있습니다.(37~38)

살비아티는 '지구 중심이 곧 우주 중심'이라고 보는 아리스토텔레스 철학의 중요한 원리를 공격하는 중이다. 왜 지구 중심을 반드시 우주 중심이라고 생각해야 하는가, 두 중심이 반드시 일치해야 할 어떤 필연적 이유가 있느냐고 묻고 있다.

앞의 말에서 살비아티는 직선 운동이 지상에서만 일어난다고 보았던 아리스토텔레스 철학의 허점을 지적한다. 아리스토텔레스는 전체에서 떨어져 나온 흙덩이가 전체와 한몸이 되려고 가장 짧은 길을 택해 본래 자리로 되돌아가는 직선 운동(수직 낙하 운동)을 한다고 말했다. 이 이론을 그대로 받아들인다면, 태양과 달이나 다른 천체에서도 떨어져 나온 덩어리가 전체와 한몸이 되려고 행하는 직선 운동이 나타날 거라고 당연히 생각할 수 있지 않은가? 그렇다면 천상에선 원운동만 나타난다는 철학 원리와 모순되지 않는가? 이렇게 아리스토텔레스 철학 자체에 모순이 있다는 사실을 '콕' 집어낸다.

살비아티의 발언 수위가 높아지자 묵묵히 듣고 있던 심플리치오가 불쾌하다는 말투로 반론을 편다. 지구가 우주 중심이라는 아리스토텔레스 철학 원리가 억지로 끼워 맞춘 원리라는 말인가? 살비아티 선생은 지금 무슨 무례한 말을 하고 있는가? 심플리치오는 지구가 우주의 중심이라는 철학 원리는 자연에 있는 사실을 그대로 설명해 줄 뿐이라며, 지구가 우주의 중심이 된 것은 논리적 필연이 아니라 자연에서 우연히 일어난 일치일 뿐이라고 강조한다. 그리고 '태양이나 달의 부분들이 그 전체에서 떨어져 나온다면 무슨 일이 일어날까?' 하고 묻지만, 그건 헛된 물음이라고 단번에 내친다. "아리스토텔레스 선생의 말씀처럼" 처음부터 천상의 물체들은 변화하지 않으며 꿰뚫을 수도 없고 붕괴하지도 않으니 말이다. 심플리치오는 결국 불편한 마음을 대놓고 드러낸다.

> **심플리치오**: 살비아티 선생, 제발 아리스토텔레스 선생에 관해 말할 때엔 좀 더 예의를 갖추고 얘기하세요. 존경스러운 그분은 역사상 처음으로 삼단 논법, 증명, 반증을 창안하고 궤변과 오류를 찾아내는 방법을 창안한 분입니다. 한마디로 말해 모든 논리를 처음으로 만들어 냈지요. 그런데 어떻게 그대는 그런 말씀을 하실 수 있나요? (……) 두 분 선생님, 먼저 그분을 완벽하게 이해하세요. 그러고도 반박하고 싶은 마음이 생기는지 보세요.(39)

자신이 굳건히 믿던 논리가 점점 더 궁색해지자 내뱉은 심플리치오의 이런 반박은 합리적 근거와 논리보다는 전통의 권위를 앞세워 자신을 방어하려는 모습으로 비치기에, 대화를 지켜보는 우리에게는 조금 옹색해 보인다.

"우주에 중심이 있요? 상상의 산물일 뿐"
살비아티는 이런 경고에도 아랑곳하지 않는다. 내친김에 한 걸음 더 나아가자! 살비아티는 지구가 우주의 중심이라고 보는 철학 원리는 입증된 명제나 관찰된 사실이 아니라 그저 상상의 소산이자

가설일 뿐이라고 강조한다. 하지만 지금은 화가 난 심플리치오의 마음을 누그러뜨리는 일도 중요하다. 귀중한 기회로 마련된 우주론 대화의 판이 깨지기 전에 말이다. 살비아티는 심플리치오의 경고를 겸허하게 받아들이겠다고 말하고는, 부드러운 말투로 아리스토텔레스가 언제나 모든 문제의 전문가는 아니지 않느냐, 그러기에 어쩌다 실수도 할 수 있지 않느냐며 그럴 가능성도 한번쯤 생각해 보시라는 투로 말하며, 넌지시 심플리치오의 닫힌 마음의 문을 열고자 한다.

살비아티: 심플리치오 님, 우리는 지금 진리를 찾고자 편한 분위기에서 대화하는 중이지요. 그대가 제 잘못을 지적하는 걸 결코 기분 나쁘게 생각하지 않아요. 제가 아리스토텔레스 선생의 생각을 따르지 않을 때에는 주저 마시고 제게 반박해 주세요. 달갑게 받아들이겠습니다. 다만, 그대가 방금 하신 말씀에 대해서는 제가 느낀 의문과 저의 견해를 말씀드렸으면 합니다.

사람들이 대개 그리 생각하듯이, 논리학은 우리가 철학을 할 때에 쓰는 '오르가논'*입니다. 하지만 어떤 장인이 오르간 만드는 일에는 뛰어나지만 그걸 연주하는 법은 모를 수 있듯이, 누군가가

---

*오르가논은 악기인 파이프오르간이라는 뜻과 함께 기관, 틀이라는 뜻도 지닌다. 논리학은 철학을 할 때에 쓰는 기관이나 틀이라는 의미에서 오르가논으로 불렸다. 아리스토텔레스의 논리학 논문 선집이 『오르가논』이기도 하다. 여기에서 갈릴레오는 오르가논을 논리학과 악기라는 두 가지 뜻으로 쓰면서 재치 있는 말솜씨를 보여 준다.

위대한 논리학자지만 논리를 사용하는 데엔 비전문가일 수 있습니다. 시를 이론적으로는 이해하면서도 간단한 4행시 하나를 짓는데에도 서툰 사람이 있지요. 또 어떤 이들은 레오나르도 다빈치의 모든 가르침을 이해하면서도 걸상 하나 그리지 못하기도 하지요. 오르간을 연주하는 것은 오르간 만드는 사람이 아니라 연주법을 아는 사람이 가르칠 수 있습니다. 시는 시인의 작품을 꾸준히 읽음으로써 배울 수 있습니다. 그림은 꾸준히 데생을 하고 그리면서 배울 수 있지요. 마찬가지로 증명의 기술은 여러 입증 사례를 실은 책을 통해 배우지요. 한 말씀 더 드리면, 그것은 수학 책들에 담겨 있지 논리학 책들에는 있지 않습니다.(39~40)

진리를 찾는 데 도움을 주는 도구인 논리학은 심플리치오와 살비아티에게 의미가 서로 달랐다. 심플리치오는 '아리스토텔레스 논리학' 자체야말로 진리를 찾아 주는 절대 권위의 도구로 여겼다. 그러나 살비아티는 자연 지식을 밝힐 진정한 논리학은 법정 논쟁 같은 말의 증명이 아니라 '자연의 언어'인 수학과 기하학의 증명에 있다고 믿었다. 아리스토텔레스가 논리학의 위대한 창시자라 해도, 논리학을 실제 활용하는 데에는 아리스토텔레스보다 더 뛰어난 사람들이 있을 수 있으며, 또한 그런 논리의 증명보다 수학적 증명이 훨씬 더 확실한 지식을 가져다줄 수 있다는 것이다.

이제 대화는 더욱 근본적인 물음으로 나아간다. '과연 지구 중심이 우주 중심인가?'라는 물음은 '지구 중심이 우주 중심이라는 철학 원리는 사실인가, 상상인가?'라는 물음으로 발전한다.

> **살비아티**: 마음을 넓혀 생각해 봅시다. 지구 중심은 생각하지 마
> 시고, 우주 중심을 향하는 것이 부분들의 자연 본능이라는 주장을
> 포기해 봅시다. 사실 우리는 우주의 중심이 대체 어디에 있을지,
> 또 그런 우주 중심이란 게 존재하는지조차 알지 못합니다. 우주의
> 중심이 존재한다 해도, 그건 그저 머리로 생각할 수 있는 상상의
> 지점일 뿐이지요.(41)

아리스토텔레스의 '우주 중심' 이론이 가정에서 출발한 것이
라면, 그 명제는 다시 따져 봐야 하는 검증의 대상이 된다. '왜 지
구 중심설을 보물단지처럼 절대 진리로 받아들여야만 하는가?',
'한번쯤 의심을 품고 따져 보라!' 갈릴레오는 이런 근본적 물음을
던지며 심플리치오와 독자들에게 절대적 믿음으로 닫아 둔 마음
의 문을 열라고 권한다.

사실 우주의 중심은 "상상의 지점일 뿐"이라는 말은 매우 놀랍
다! 스쳐 지나가듯이 살비아티가 말한 이 대목은 태양과 태양계를
우주 중심으로 여겼던 당대 코페르니쿠스 천문학의 한계까지 뛰
어넘는 발언이기 때문이다. 갈릴레오가 이런 사실을 발견했거나
증명하려 했다기보다는, 지구 중심을 우주 중심으로 보는 지구 중
심설의 허점을 공격하기 위해 쓴 주장이었을 것이다. 현대 우주론
에서 우주 중심은 따로 존재하지 않는다. 우주가 무한하다고 보는

'무한 우주론'에선 우주 공간이 무한하기에 당연히 중심이 없고, '유한 우주론'의 우주 모형에서도 우주는 공 모양의 표면에 펼쳐져 있다고 보기 때문에 중심을 인정하지 않는다. 축구공에는 중심이 있지만 축구공의 '표면'에는 중심이 없듯이.

지금까지 펼쳐진 대화는 가벼운 몸 풀기에 지나지 않는다. 깊은 논쟁이 다음 대화에서 이어진다. 그렇지만 들머리 대화만으로도, 우리는 세 사람이 진지하게 대화하려는 자세를 지니고 있음을 볼 수 있었다. 전통과 혁신, 중세와 근대의 세계관이 너무나 달라 서로 말조차 통하지 않을 것 같은 논객들이 만났지만, 이 대화에서 게임의 규칙은 '모든 증명과 증거를 열린 마음으로 말하고 들으며 참된 지식을 구하는 것', 그리고 '서로 배려하고 존중하며 대화하는 것'이다. 살비아티는 대화와 논쟁이 세 사람에게 모두 유익하다는 점을 거듭 강조한다.

살비아티: 천상과 지상을 생각하며 지레 걱정하지 마세요. 천상과 지상이 뒤집히고 철학이 폐허가 되는 일도 두려워하지 마세요. 그대는 천상이 바뀌지도 변하지도 않는다고 철썩 같이 믿어왔겠지만 그런 천상에 관해 염려하는 일은 헛됩니다. 지구가 천상의 다른 천체들과 다를 바 없다면, 다시 말해 지구가 사실상 천상의 자리에 놓일 수 있다면, 지구는 오히려 더 높은 기품을 지니게 되고 더 완벽해질 수 있지 않겠습니까. 그대 아리스토텔레스 철학자들은 지구를 천상계에서 몰아냈지만 말입니다. 철학 자체도 우리들의 논

쟁에서 득을 볼 겁니다. 왜냐하면 우리 생각이 참인 것으로 밝혀지면 새로운 성취가 마련되는 것이요, 거짓으로 밝혀지면 그 비판이 본래의 철학 원리를 더욱 굳건하게 만들 테니까요. 자, 어느어느 철학자들이 비판받지 않을까 하는 염려는 접어 두시고, 그분들을 돕고 변호하는 일에 나서 보시지요. 참된 지식이라면 (비판을 받는다 해도) 스스로 발전해 갈 테니까요.(42)

천상계의 새로운
사실 증거를 밝히다

천상 불변! 지구에서는 모든 것이 변하지만, 천상에서는 부패와 생성 등의 변화가 일어나지 않는다. 이것은 아리스토텔레스 철학의 중요 명제 중 하나다.

갈릴레오는 이것에 의문을 제기한다. 직접 관측한 천상에서 변화를 볼 수 있었기 때문이다. 그런데도 천상 세계에 변화가 일어나지 않는다는 믿음을 고수한다면? 그것은 천문학의 발전에 걸림돌이 된다. 그리하여 이번에는 '천상 불변'이라는 아리스토텔레스 철학의 중요 명제를 토론하게 된다.

새로운 과학의 대변자 살비아티는 아리스토텔레스 철학자 심플리치오에게 천상 세계가 지구와 전혀 다르며 변하지 않는다는 명백한 증거를 제시해 달라고 요청한다. 이에 심플리치오는 다시 아리스토텔레스 말씀에 기대어 주장을 편다. 천상 세계에는 지구와 달리 모순이 없기 때문에 부패와 생성 등의 변화도 일어나지 않는다고 아리스토텔레스의 주장을 반복한다. 그것도 아리스토텔레스가 이미 다 증명했으니 더 논의할 게 없다는 투로. 이렇게 아리스토텔레스의 권위에 의지하는 주장은 수학적 입증을 참된 지식의 기준으로 삼는 살비아티의 증명 방식과는 전혀 다르다. 아리스토텔레스 철학자들의 증명이 어떤 식인지 보기로 하자.

심플리치오: 지구가 천상의 천체들과는 아주 다르다는 사실을 증명하는 두 가지 확실한 입증이 있습니다. 첫째 (……) 지구는 생성되고 부패하며 변하지만, 천체는 생성되지 않고 부패하지 않으며 변하지 않습니다. 그러므로 지구는 천체와 아주 다릅니다. (……) 감각 경험으로 볼 때 우리는 지구에서 끊임없는 생성과 부패, 변형 따위가 일어남을 압니다. 우리 감각도, 우리 전통도, 우리 선조도 천상에서는 그런 성질을 본 적이 없습니다. 그러므로 천상은 변하지 않으며 지구는 변합니다. 그러므로 지구는 천상과 다릅니다.

두 번째 논증은 중요하고도 본질적인 성질에서 찾아낸 겁니다. 그러니까 자연적으로 어둡고 빛을 내지 않는 물체는 그게 무엇이건 간에 빛을 내며 눈부신 물체와는 다르다는 거죠. 지구는 검고 빛을 내지 않지만 천체는 눈부시며 빛으로 가득합니다. 그러므로 등등. 논증할 게 너무 많네요. 먼저 지금까지 했던 저의 말에 답해 보세요. 답변을 들어 보고 나서 다른 논증을 보태겠습니다.

(53~54)

되풀이되는 "그러므로", "그러므로"는 틀에 박힌 삼단 논법의 말투를 보여 준다. 살비아티가 보기에는 이런 식의 논리는 '지상과 천상은 다르다.'고 이미 굳게 믿고 있기 때문에 '지상과 천상은 다르다.'라는 결론을 내릴 수 있는 것처럼 보일 뿐이다. 이에 살비아티가 세계 지도를 떠올리며 재치 있게 반박한다.

> **살비아티**: 그렇지만 만약 그대가 눈에 보이는 것, 곧 눈으로 확실히 본 경험들에만 만족하는 게 틀림없다면, 그대는 중국이나 아메리카를 천상의 물체로 여겨야만 할 겁니다. 이탈리아에서 볼 수 있는 변화가 중국이나 아메리카에서도 마찬가지로 일어나는 걸 그대가 직접 눈으로 본 적은 전혀 없잖아요? 그러므로 그대 식대로 말하면 중국과 아메리카는 변화하지 않는 게 틀림없겠지요.(54)

대화가 이어지면서 심플리치오는 점점 궁지에 몰린다. 그는 중국과 아메리카가 "이곳 이탈리아와 마찬가지로 지구의 일부"라는 점을 들어, "중국과 아메리카 땅에서 제가 직접 본 적은 없다 해도 그곳에도 변화가 일어남을 보여 주는 믿을 만한 설명은 있다."고 대꾸한다. 왜 직접 목격하지 않고도 다른 사람의 얘기를 믿느냐는 반박에는 곧바로 "그곳은 너무 멀리 떨어져 변화가 있더라도 변화를 볼 수 없기 때문"이라는 답을 내놓는다.

그런데 아뿔싸! 함정에 빠지고 말았다. 달이나 태양, 별들은 중국이나 아메리카보다도 훨씬 더 멀리 떨어져 있지 않은가. 훨씬 더 먼 곳에서 일어나는 변화는 더 확인하기 힘들 텐데, 어떻게 자신 있게 천상의 세계에는 변화가 없다고 확신하듯이 말할 수 있단 말

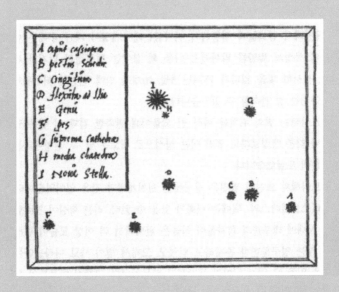

티코 브라헤의 초신성 그림

초신성을 처음으로 발견한 덴마크의 천문학자 티코 브라헤가 그린
초신성(I)의 스케치다. 다른 별보다 유난히 더 밝게 빛나는 것을 볼 수 있다.
초신성의 발견은 하늘에는 변화가 일어나지 않는다는
오랜 믿음을 깬 사건으로 기록된다.

인가? 명색이 엄밀한 논리를 따진다는 아리스토텔레스 철학자가 이런 허술한 답을 하다니! 그의 답변은 지상은 천상과 다르다는 주장이 관찰이나 경험에서 나온 게 아니라 어떤 오래된 믿음에서 나온 게 아니냐는 의문을 불러일으킬 만하다.

"아리스토텔레스도 증거 앞에선 마음 바꿨을 것"

천상에 변화가 일어나는가를 둘러싸고 17세기에는 몇 가지 쟁점이 있었다. 『대화』는 그 쟁점을 자세히 다루고 있다. 무엇보다 갈릴레오가 직접 만든 천체 관측용 망원경으로 처음 발견한 달 표면의 울퉁불퉁한 모습은, 달 표면이 매끈하리라는 오랜 믿음을 뒤집는 증거가 됐다. 갈릴레오가 발견한 얼룩덜룩한 태양 흑점도 마찬가지였으며, 갑자기 생기고 사라지는 초신성과 혜성의 현상은 천상에도 변화가 일어남을 보여 주는 증거로 제시되었다.

　살비아티는 달과 태양 흑점, 혜성, 초신성과 같이 당시에 새로 발견된 하늘의 증거들이 아리스토텔레스 우주론의 허구를 밝히는 데 중요한 구실을 할 수 있다고 기대했다. 그리고 그는 확인된 증거가 참된 지식을 세우는 데 매우 중요하다고 강조한다. 이 대목의 논쟁에서 심플리치오의 창과 방패가 아리스토텔레스의 선험적 방법이라면, 살비아티의 창과 방패는 새로운 지식의 경험적 방법이다.

　살비아티: 심플리치오 님을 충분히 만족시키고 또 오류를 스스로

깨닫게 할 만한 새로운 사례와 관측이 우리 시대에 많이 성취됐다고 분명히 말할 수 있습니다. 그래서 아리스토텔레스 선생이 오늘날 살아 계시다면 그분도 마음을 바꾸었을 거라고 확신합니다. 제가 이렇게 생각하는 건 그분이 철학을 했던 방법 때문입니다. 그분이 천상은 변하지 않는다는 글을 남긴 것은 천상에서 새로운 것이 생성되거나 낡은 것이 해체되는 걸 본 적이 없었기 때문이지요. 그러니까 만일 아리스토텔레스 선생이 그런 일을 목격했더라면 생각을 바꾸었을 것이며, 당연히 추론보다는 감각 경험을 우선시했을 겁니다.(57)

우리 오감, 특히 시각을 통해 얻은 증거가 진리를 구하는 데 얼마나 중요한가를 둘러싸고 살비아티와 심플리치오가 얼마나 다른 태도를 보이는지 살펴보자.

심플리치오는 참된 지식을 구할 때에 먼저 선험적 방법으로 논증을 확고히 세운 뒤에 경험적 방법을 보태는 아리스토텔레스 철학의 방식이 옳다고 주장한다. 그러나 이런 태도는 그가 앞에서 땅바닥으로 수직 낙하하는 돌멩이나 동쪽에서 떠서 서쪽으로 지는 태양처럼 우리 눈에 보이는 상식적 경험이 진리를 찾는 데 매우 중요하다고 앞에서 강조한 것과는 다른 것이다. 이는 아리스토텔레스 철학자들이 이례적으로 생겨난 경험 증거보다는 늘 자연스럽게 나타나는 일반적 경험 증거를 훨씬 더 믿으려 했음을 보여 준다.

반면에 살비아티는 선험에서 경험으로 나아가는 방법은 글을 쓸 때에나 써먹을 방법이지, 무엇이 참된 지식이냐 아니냐를 탐구하는 과정에 쓸 방법이 아니라고 맞선다. 나아가 살비아티는, 사실 알고 보면 아리스토텔레스조차도 '선 경험, 후 선험'의 방법으로 지식을 구했다고 말한다.

> **살비아티**: 심플리치오 님이 방금 말씀하신 바는 아리스토텔레스 선생이 철학 원리를 글로 쓸 때에 썼던 방법이지요. 저는 아리스토텔레스가 철학 원리를 탐구하는 과정에서도 같은 방법을 썼다고는 보지 않아요. 제 생각은 이렇습니다. 아리스토텔레스는 먼저 감각, 실험, 관측을 통해 충분한 확신을 얻고, 그래서 철학 원리도 얻을 수 있었던 게 분명합니다. 그러고 나서야 그분은 그걸 남에게 입증할 수단을 찾으셨던 게지요. 참된 지식을 입증할 때에는 대부분 그런 식으로 행하지요. 다행히 결론이 참일 때에는 입증될 수 있는 어떤 명제를 분석의 방법만 쓰면 찾아낼 수 있고 어떤 공리에도 도달할 수 있겠지만, 불행히도 결론이 거짓일 때에는 누구도 그 어떤 진리를 찾지 못한 채 영원히 나아가기만 해야 하니까요.(58)

살비아티의 이 말은 아리스토텔레스의 학문 태도를 높게 평가해 주는 것이다. 그 철학의 한계는 개인의 잘못이 아니라 고대 그리스의 과학 수준이 그랬으니 어쩔 수 없는 것이라는 이해가 깔려 있다. 살비아티의 이런 말은 우연이 아니다. 앞으로 더 살펴보겠지만, 그는 아리스토텔레스 철학자들을 신랄하게 비판하는 데에는 목청을 높이지만, 철학자 아리스토텔레스에 대해서는 일관되게 존중하는 태도를 보여 준다. 살비아티는 오히려 "아리스토텔레스 선생은 어떤 논증보다도 감각 경험을 우선시했다."고 강조하며, 그를 '큰 스승'이라 일컫기도 한다. 이런 호칭은 대화의 예법으로 쓴 말일 수도 있겠으나, 이어지는 대화에서도 나타나듯이 갈릴레오가 아리스토텔레스 철학 전통을 모두 다 부정하려는 것은 아니었음을 보여 주는 말이기도 하다.

증거는 하나, 해석은 믿음에 따라 가지가지

대화는 태양 흑점의 문제로 옮아간다. 태양 표면에 얼룩덜룩 점들이 나타나는 것은 17세기 당시에 부정하기 힘든 사실로 떠올랐다. 태양 표면에 얼룩이 생기고 사라지는 게 확실하다면, 천상계가 완벽하고 변하지 않는다는 아리스토텔레스 철학 원리도 명백하게 잘못된 게 아닌가? '천상 불변' 같은 원리는 폐기해야 하지 않는가? 태양에 흑점이 나타난다는 사실은 아리스토텔레스 철학에 일격을 가할 증거였다. 이에 살비아티는 의기양양하게 말한다.

살비아티: 심플리치오 님, 이 성가신 태양 흑점을 근거로 삼아 아리스토텔레스 철학 원리를 반박하는 데 대해선 어찌 답하시겠습니까? 흑점들은 천상계를 어지럽히고 있으며 더욱이 소요학파* 철학까지 어지럽히고 있잖습니까? 아리스토텔레스 철학의 용맹스러운 옹호자로서, 그대는 당연히 그 답과 해법을 찾았겠지요. 그대만 알

고 있지 말고 말해 주시지요.(60)

이에 심플리치오가 흑점이 '천상 불변'의 신념을 깨뜨리는 것
은 아니라는 여러 해석을 소개한다. 그는 흑점이 "천상의 물질과
는 무관한 다른 물질"이라고 말한다. 심플리치오의 이런 말은 다
른 우주론의 믿음을 지닌 사람에게는 눈에 빤히 보이는 증거조차
도 다르게 해석될 수 있음을 보여 준다. 일부러 잘못된 해석을 하
는 것은 아닐 테지만, 자신의 오랜 믿음을 지키거나 합리화하기 위
해 스스로 행하는 일종의 왜곡이다. 심플리치오의 말을 들어 보자.

심플리치오: 이 문제에 관해선 여러 다른 견해를 들은 적이 있습
니다. 어떤 사람들은 이렇게 말합니다. "태양 흑점은 금성과 수성
처럼 궤도를 그리며 태양 둘레를 도는 별들인데, 우리가 보기에 그
것들이 태양 앞을 지날 때에 검게 나타나는 것이다. 그리고 그런
게 하도 많아 서로 뭉치기도 하고 다시 떨어지기도 한다." 또 어떤
사람들은 그것이 지구의 대기 탓에 생긴 현상이라고 믿고 있습니
다. 또 다른 사람들은 망원경 렌즈에서 생긴 헛것이라고도 하고,
또 다른 이들은 또 다른 어떤 것이라 말하지요.(60)

참으로 답답한 대답이다. 이에 대해 살비아티는 흑점이 태양

---

*아리스토텔레스 학파를 소요학파라고도 한다. 아리스토텔레스가 학원 안의 나무 사이를 산
책(소요)하며 제자들을 가르쳤다는 데서 붙은 이름이다.

표면에서 생성된 현상임을 보여 주는 여러 증거와 주장을 제시한다. 그러자 심플리치오는 점점 제 주장을 지키기 어려운 처지가 된다. 결국에 그는 "사실, 내가 직접 관측한 적은 없기에 판단할 수 없다."며 자신의 한계를 이실직고하는 지경에 이른다.

태양 흑점

태양 흑점은 고대에도 알려졌으나, 처음으로 정밀 관측을 시작한 사람은 갈릴레오다. 그는 자신의 천체 관측용 망원경에 아주 어두운 필터를 달아 흑점에 나타나는 변화를 자세히 관측했다.

현대 과학으로 보면, 흑점은 태양 내부에서 바깥으로 뚫고 나온 일종의 강한 자석 덩어리다. 자기의 세기는 지구 자기장의 1만 배 정도나 된다. 크기는 지구보다 작은 것부터 10배 이상 큰 것도 있다. 온도는 다른 표면의 온도인 $6000°C$보다 낮은 $4000°C$ 정도다. 그래서 어둡게 보이는 것이고, '흑점'이란 이름을 얻게 되었다. 흑점이 나타날 때엔 태양의 활동도 활발해지는데, 강력한 자기장의 에너지가 빛에너지나 운동 에너지로 바뀌면서 태양 폭발이 일어나기 때문이다. 초대형 폭발은 수소폭탄 100만 개가 터지는 것과 맞먹을 정도다. 대개 강한 전자와 양성자 같은 고에너지 입자를 수없이 뿜어낸다. 흑점의 강한 자기장은 20세기 초에 규명됐다.

첫날 대화의 뒷부분에선 달 표면에 관해 상세한 논의가 이어진다. 달이 우주론 대화에서 중요한 쟁점이 된 이유는 뭘까? 아리스토텔레스 우주론에서, 달은 천상계에 속하면서도 천상과 지상 사이에 놓인 중간 세계이기도 하다. 그래서 어느 정도 천상의 천체를 닮아 지상과 달리 표면이 매끈하고 희미하나마 스스로 빛을 내는 천체로 여겨졌다. 그런데 망원경을 통해 갈릴레오가 본 달 표면은 지구 표면과 다를 바 없이 울퉁불퉁했다.

갈릴레오의 이런 놀라운 발견이 세상에 공개되면서 당대 학자들 사이에서 여러 논쟁이 일어났다. 게다가 달은 지구와 가장 가까워 당시 사람들에게도 친근한 천체였다. 『대화』에서 달 얘기를 자세히 다룬 것은 아마도 이런 이유 때문이었을 것이다. 달에 생명체가 살지 모른다는 오래된 믿음도 달을 화제로 만들었다.

흥미롭게도, 달에 생명체가 사는지에 관해 세 사람이 품은 상상이 대화에서 잠시 오간다. 사그레도는 달을 바라보며 당시에 누구나 한번쯤 품어 봤을 만한 생각이라며, 달에는 비나 바람, 천둥이 일어나지도 않고 사람이 살지도 않겠지만 거기에선 우리가 상상할 수도 없는 어떤 것이 변화, 생성, 소멸할지 모른다는 생각을 전한다. 스핑크스나 세이렌, 키메라, 켄타우루스 같은 상상 속의 생명체를 뛰어넘는, "우리의 상상을 벗어나는, 아니 상상조차 하지 못한 것들"이 달에 있을 수도 있지 않겠느냐는 얘기다.

그러자 심플리치오가 불경한 상상이라고 따지고 나선다. 천상의 영역인 달에 생성, 소멸, 변화 같은 게 일어날 리가 없기 때문이다. 또한 달에는 동식물 같은 게 있을 턱이 없다고 한다. 그곳에 사람이 살지 않으니 사람에게 이로움을 줘야 하는 다른 동식물이 존재할 목적도 없다는 논리를 펴면서.

> **심플리치오**: 지구에서 일어나는 모든 생성과 변화는 직접 또는 간접으로 인간에게 쓸모가 있고 안락하게 해 주고 도움이 되도록 설계돼 있습니다. 말은 사람을 편하게 하려고 태어납니다. 자연은 말을 먹이기 위해 풀을 만들고 구름은 풀에 비를 뿌려 줍니다. 사람들이 편안히 먹고살도록 자연은 나물, 곡물, 과실, 짐승, 새, 그리고 물고기를 창조했습니다. (······) 달이나 다른 행성에 무언가 생성된다 하더라도 그게 사람들에게 무슨 도움이 되겠습니까? 달에는 과실을 따먹을 사람이 살지도 않는데 말입니다. 달에 사람이 산다는 건 불경한 생각이지요.(69~70)

이어 살비아티도 달에 어떤 생명체가 있을 가능성은 거의 없다고 말한다. 결론만 듣고는 심플리치오의 주장과 엇비슷하다고 생각하겠지만, 사실은 완전히 다른 논리다. 심플리치오가 아리스토텔레스 철학에 매달려 논리를 펴는 데 비해, 살비아티는 관측된 사실과 자연 철학의 원리를 따르는 논리를 편다. 갈릴레오는 지구의 동식물 같은 생물체가 달에 살려면 무엇보다 햇볕과 물이 있어야 한다는 매우 놀라운 통찰력을 보여 준다. 요즘의 과학 지식으로 봐도 손색이 없을 이런 추론은, 그가 모든 일에 아주 철저하게 과학적 사유를 하려 했음을 보여 주는 듯하다.

살비아티: 달에 지구의 동식물과 비슷한 생명체가 살지 않으리라는 생각에는 두 가지 근거가 있습니다. 첫째는 온갖 생물이 생존하려면 햇볕의 변화가 반드시 필요하다는 점입니다. 그런 변화가 없다면 생물은 살 수가 없지요. (……) 지구에서는 하루가 24시간이고, 낮과 밤으로 나뉩니다. 달에서는 같은 일이 한 달을 주기로 일어나지요. 지구에서 태양은 1년을 주기로 낮게 떴다 높게 떴다 하면서 여러 계절을 만들고 낮과 밤 길이의 차이를 만듭니다. 이 일이 달에서는 한 달 주기로 일어나지요. (……) 15일 동안이나 태양이 멈추지 않고 계속 빛을 비춘다면 그 바짝 마른 땅에 태양이 어떻게 작용할지 생각해 보세요. 말할 필요도 없이 모든 나무와 풀과 동물이 파멸할 것이요. 만약 어떤 종이 살아남더라도 그건 여기에 있는 것들과는 너무도 다른 동식물이 될 겁니다.

　둘째, 달에는 비가 오지 않는 게 확실합니다. 왜냐하면 지구처럼 달에도 구름이 생긴다면 우리가 망원경으로 볼 때 달에 있는 무언가가 구름에 가려질 테니까요. (……) 그런 일은 제가 오랫동안 열심히 관측을 해 왔지만 결코 본 적이 없습니다. 거기엔 늘 아주 순수하고 변함없는 고요만 있어요.(114~115)

갈릴레오의 달 그림

갈릴레오가 망원경으로 직접 본 달은 울퉁불퉁했다.
이는 달이 매끈하다는 당시의 믿음과 다른 것이었다.

결국 지구와 달리 달에는 생명체가 살 수 없다는 얘기다. 그러나 사실 갈릴레오가 『대화』에서 주로 말하려 했던 바는 '달과 지구는 아주 다르다.'는 게 아니라 오히려 '달과 지구는 아주 비슷하다.'는 것이다. 갈릴레오 자신이 오랫동안 망원경으로 달을 관측하면서 얻은 결론이었다.

살비아티는 달과 지구가 비슷한 점을 일곱 가지로 정리한다. 첫째, 달과 지구는 똑같이 공 모양이다. 둘째, 달이 햇빛을 반사한다는 점을 볼 때 달은 지구처럼 어둡고 불투명하다. 셋째, 달 표면은 산과 바위처럼 고르지 않으며 달을 구성하는 물질은 단단하다. 넷째, 지구의 땅과 바다처럼 달의 표면도 밝은 부분과 어두운 부분으로 나뉜다. 다섯째, 지구에서 달을 볼 때 달은 보름달, 초승달, 그믐달로 보이듯이 달에서 볼 때에도 지구는 모양이 변할 것이다. 여섯째, 달빛이 지구에 영향을 끼치듯이 햇빛을 반사하는 지구의 빛도 달에 영향을 끼칠 것이다. 일곱째, 달과 지구는 서로 도움을 줄 뿐 아니라 달이 해를 가려 일식을 만드는 것처럼 지구도 햇빛을 가려 달에 해를 끼치기도 한다.

오늘날 상식이 된 살비아티의 이 주장이 당시에는 논란거리였다. 이에 대해 심플리치오는 "달에 있다는 산이나 바위, 계곡 따위는 모두 헛것"이라며 "달 표면은 매끄러운 거울처럼 윤기가 흐르고 단단한 보석처럼 광택이 난다."는 여러 해석을 반론으로 전한다. 이런 갑론을박의 논쟁은 달에 관한 연구가 당시 학계에서 큰 논란거리 가운데 하나였음을 보여 준다. 뒤이어 달 표면이 정말 매끄러운지, 달이 스스로 빛을 내는지를 둘러싸고 뜨거운 논쟁이 벌어지는데, 심플리치오는 망원경의 여러 증거 앞에서 역부족을 느꼈는지 차츰 물러나는 모습을 보여 준다.

수학을 길잡이 삼으면 확실한 지식을 얻을 수 있다

이제 첫날 대화의 막바지에 이르렀다. 첫날 대화의 마지막 주제는 '사람도 신처럼 확실한 앎을 구할 수 있는가?'이다. '신만이 알 수 있는 확실한 앎과 참된 지식을 인간도 구할 수 있는가?', '그 지식을 구할 수 있다면 어떤 방법을 써서 무엇이 진짜 진리인지 아닌지 가려낼 수 있는가?' 하는 것들이 문제가 된다. 갈릴레오는『대화』를 쓰기 전부터 줄곧 기하학과 수학 같은 객관적이고 확실한 '자연의 언어'를 배워야만 확실한 지식을 얻을 수 있음을 강조해 왔다. 첫날 대화의 막바지에 이르러 그는 인간의 자연 과학 방법과 신의 전지전능을 비교하며 이런 믿음을 다시 강조한다. 이 대목은『대화』에서 무척이나 중요하다. 17세기 과학 혁명을 이끈 자연 철학자 갈릴레오가 품었던 지식과 신에 대한 생각을 잘 보여 주기 때문이다.

　17세기는 중세의 전통을 넘어서려는 르네상스와 종교 개혁을 거친 시대였다. 격동의 역사를 경험하면서 많은 지식인들 사이에서는 그동안 철석같이 믿었던 기독교 교리와 아리스토텔레스 철학에 대한 의문과 회의가 싹터 퍼지기 시작했다. 확실한 지식은 없다고 보았던 회의주의는 물론이고, 신은 없다는 무신론과 유물론 같은 이단의 사상이 여기저기에서 생겨났다. 당연히 이런 사상들은 옛 교리와 철학의 권위를 낡은 것이라며 신랄하게 공격했다. 그리하여 신학도 위기에 놓이게 됐지만 학문도 위기에 놓였다.

그리하여 여러 철학자가 새로운 지식 탐구의 방법을 제시하고 나섰다. 신의 세계를 지키면서 지식의 방법을 다시 일으켜 세우는 일은 성직자뿐 아니라 자연 철학자들에게도 매우 중요한 시대적 사명이었다. 17세기 유럽 과학 혁명의 3대 주역으로 꼽히는 데카르트와 베이컨, 갈릴레오는 더 이상 믿을 수 없는 아리스토텔레스 철학을 물리치려고 애썼지만, 이와 함께 확실한 지식은 없다고 말하는 회의주의자들과도 맞섰다. 인간도 참된 앎을 구할 수 있다고 주장했고, 인간이 지닌 이성의 능력을 강조했다.

갈릴레오에 의하면, 확실한 지식이 존재할 수 있음은 무엇보다 신이 보증해 주는 것이다. 신은 전지전능하며 그런 신이 존재하기에 어딘가 확실한 앎이 존재하는 것은 분명했다. 그는 새로운 과학이 발전한다면 신의 전지전능과 합리성을 드러내 보여 줄 수 있는 확실한 지식을 찾을 수 있다고 믿었다. 우주 만물이 자연의 언어인 수학의 질서에 따라 변화하고 운동한다는 사실을 인간이 이해한다면, 신이 만든 세상의 위대함을 보여 주는 증거를 찾을 수도 있지 않겠는가? 갈릴레오는 확실한 자연 과학의 지식을 어떻게 얻을 수 있는지 살비아티의 말을 통해 밝힌다.

살비아티: 앎을 얻는 방식에는 두 가지가 있습니다. '안쪽으로 집중하는 방식'과 '바깥쪽으로 확장하는 방식'이 그것이지요. 먼저 바깥쪽으로 확장하는 방식에 관해 말해 보죠. 알아야 할 것들로 치면 사실 그것은 무한하게 많지요. 그래서 인간이 1000가지나 되는 명제를 안다 해도, 그 정도는 사실 아무것도 아는 게 없는 것이나 마찬가지입니다. 왜냐하면 1000가지라 해도 무한에다 견주면 영(0)일 뿐이니까요.

그러나 안쪽으로 집중하는 방식은 어떨까요? '안쪽으로 집중해 이해한다.'는 게 어떤 명제를 완벽하게 안다는 뜻이라면, 저는 인간의 지적 능력이 그런 방식을 취할 때에는 일부 명제를 완벽할 정도로 이해할 수 있게 된다고 봅니다. 그렇게 이해된 명제들에 한정해서 볼 때 인간의 지적 능력이 자연과 같은 수준으로 절대적 확실성을 지닐 수 있다고 보지요. 그처럼 확실한 명제로는 수학 지식이 유일합니다. 기하학과 산술이 그렇지요. (……)

인간의 지적 능력은 고작 몇 가지만을 압니다. 그렇지만 몇 가지 한정된 명제에 관해서, 인간의 수학 지식도 객관적 확실성을 지닌다는 점에서는 신의 지식과 동등하다고 저는 믿습니다. 수학을 통해 인간의 지적 능력은 필연성을 제대로 이해할 수 있게 되고, 그 필연성 너머에는 더할 수 없는 확실함이 있으니까요.(118)

살비아티의 생각이 분명하게 드러났다. 그는 인간의 지식과 예술이 보잘것없다는 점을 강조하는 게 아니다. 오히려 인간의 능력은 불완전하고 그 지식도 불완전하지만 수학이라는 길잡이에 의지하면 어떤 한정된 분야에서는 확실한 앎을 얻을 수 있다고 강조한다. 살비아티는 아리스토텔레스 철학과 당시 회의주의를 모두 비판하면서 확실한 지식을 추구하는 새로운 근대 과학의 가능성을 부르짖는다. 전지전능하며 무한한 지혜를 지닌 신이 보증해 주는 확실한 지식은 존재한다. 따라서 신의 작품인 인간도 지식의 방법만 잘 골라 쓰면 적게나마 확실한 지식에 도달할 수 있다. 인간과 이성에 대한 갈릴레오의 강한 믿음이 묻어나는 부분이다.

둘째 날

학문 세태를 비판하며
생각의 독립을 촉구하다

약속대로 둘째 날에 세 사람이 다시 만났다. 대화를 시작하며 전날 나눈 얘기를 간단하게 정리하는 일은 사그레도가 맡았다. 그는 전날에 주로 얘기했던 '두 가지 견해'를 깔끔하게 정리한다.

사그레도: 첫째 견해는 천상의 물질은 본래 생성되지도 않고 부패하지도 변형되지도 않으며 변화를 일으키지도 않으니, 그 세계에선 그저 상황만 바뀔 뿐 어떤 변화도 일어나지 않는다고 주장합니다. 천상의 물질은 생성하고 부패하며 변화하는 우리 지상의 물체와 아주 다른 원질(에테르)이라는 거죠.

둘째 견해는 천상과 지상이 다르지 않다고 말하며, 지구가 우주의 다른 천체들과 마찬가지로 완벽하다고 합니다. 한마디로 지구도 달, 목성, 금성이나 다른 행성들과 마찬가지로 운동을 하는 천체라는 주장입니다. (……) 우리는 두 번째 견해가 첫 번째 견해보다는 좀 더 그럴듯하다는 결론을 내렸지요.(123~124)

둘째 날 대화의 주제는 지구 운동설과 지구 정지설을 따져 보는 일이다. 셋째 날에 지구의 공전을 다루기에 앞서 이날엔 지구의 자전 운동을 주로 다룬다. 이는 지구가 정지해 있고 우주 중심이라고 보는 가톨릭 교리를 건드리는 예민한 문제다. 따라서 지은이 갈릴레오는 검열 당국을 의식하지 않을 수 없다. 그래서일까? 사그레도가 전날 대화에서 지구도 천상의 물체와 똑같고 마찬가지로 운동할 수 있다는 견해가 더 그럴듯하다는 결론을 얻었다고 말하자, 살비아티는 놀라서 정색하며 가로막는다. 갈릴레오가 서문에도 밝혔듯이, 그는 어떤 견해가 옳은지 판정하려는 게 아니라 다만 가설의 수준에서 이뤄지는 것이라고 강조한다. "검열 당국은 오해하지 마시라. 이 책은 가설을 얘기하면서 이런저런 생각을 말하고 있을 뿐이다. 판단은 독자들이 알아서 하시라." 이런 식이다. 조심스러운 태도를 엿볼 수 있다.

신주단지 모시듯 "아리스토텔레스 선생이 말씀하시길……"

한편, 이날 대화에 나서면서 심플리치오는 혼란스러움과 당혹감으로 밤잠을 설쳤다며 심란함을 솔직하게 털어놓는다. 전날 대화에서 그토록 믿고 의지한 아리스토텔레스 선생님의 권위를 마구 깎아내리는 살비아티의 독설을 들어야 했으니, 순진한 아리스토텔레스 학자인 심플리치오의 마음이 오죽했을까?

심플리치오: 솔직히 말씀드리면, 어제 나눈 얘기들을 곰곰이 다시

생각하느라 지난밤 내내 잠을 자지 못했습니다. 정말이지 어제 대화에는 기발하고도 인상적이며 여러 멋진 생각거리가 있었다고 생각합니다. 하지만 그렇더라도 지금까지 제가 읽은 여러 위대한 책의 저자들이야말로 제게 더 큰 감명을 주었고, 그중에서 특히나 감명을 주신 분은 바로……* 아니, 사그레도 님, 머리까지 흔들며 웃고 계시네요. 제가 어떤 말실수를 한 것처럼 말입니다.

사그레도: 아이쿠, 그만 웃고 말았네요. 하지만 믿어 주세요, 몇 년 전에 제가 아는 분들과 함께 목격했던 어떤 상황이 갑자기 생각나 웃음을 참을 수 없었어요.(124~125)

어떤 기억이었기에 예의 발라야 할 지성인들의 대화 자리에서 베네치아의 귀족이 웃음을 터뜨리는 결례를 범했을까? 사그레도가 어느 해부학자의 집에서 겪은 우스꽝스러운 일을 들어 보자.

사그레도: 어느 날 저는 베네치아에 사는 아주 이름난 어떤 의사집에 간 적이 있습니다. 많은 사람들이 더러는 연구 목적으로, 더러는 호기심 때문에 해부 광경을 보러 그 집에 찾아왔지요. 의사는 꼼꼼한 해부 전문가였으니까요. 우연히도 그날, 의사는 신경이 어디에서 처음 뻗어 나온 것인지 살펴보고 있었어요. 이미 갈렌학파 의사들과 소요학파 의사들이 이런 문제에 관해 벌인 저 유명한 논

---

* "바로 아리스토텔레스 선생이시죠."라고 말하려던 참이었을 것이다.

쟁을 두 분은 다 알고 계시겠죠?*

    그 해부 전문가는 두툼한 신경 줄기가 뇌에서 나와 목덜미를 거쳐 척추 밑으로 뻗어 나간 다음 몸 전체로 가지 치듯이 갈라진다는 점, 그리고 실처럼 가는 줄기 하나만 심장에 이른다는 점을 보여 주었습니다. 소요학파 철학자로 널리 알려진 어느 귀족이 지켜보는 가운데 정말 꼼꼼하게 해부 시연을 했죠. 그러고는 그 철학자에게 이제 만족하는지, 신경이 심장이 아니라 뇌에서 나온다는 걸 믿을 수 있는지 물었지요.

    철학자는 잠시 생각하고는 글쎄 이렇게 말하더군요. "그대는 이 문제를 너무도 분명하게 입증했습니다. 하지만 신경이 심장에서 뻗어 나온다고 적힌 아리스토텔레스의 교본과 상반되기에, 나는 그대의 말이 사실이라고 인정할 수가 없습니다."라고요.(125)

아무리 명확한 증거를 눈앞에 제시하더라도 아리스토텔레스 말씀을 담은 교본을 더욱더 맹신하는 아리스토텔레스 추종자들의 학문 세태를 풍자하는 이야기다. 이 얘기는 사실 증거보다도 오래된 믿음을 더 중시하는 당시 학자들의 불합리한 태도를 비판하고 있다.

    더욱 흥미로운 점은 둘째 날 대화의 들머리에서 독자의 눈길을

---

*갈렌(129~200?)은 고대 그리스의 의사로서, 그의 생리학은 중세 의학에 큰 영향을 끼쳤다. 갈렌은 신경이 뇌에서 뻗어 나온다고 주장한 반면, 아리스토텔레스 학자(소요학파 철학자)들은 신경이 심장에서 나온다고 주장해 서로 논쟁을 벌였다.

사로잡는 '아리스토텔레스 학자들의 비판과 조롱'이 셋째 날 대화의 들머리에서도 마찬가지로 등장한다는 점이다. 비슷한 얘기니까 하던 김에 셋째 날 대화의 들머리 얘기도 미리 들어 보자.

셋째 날 대화는 키아라몬티라는 아리스토텔레스 학자의 주장을 조목조목 비판하는 것으로 시작한다. 당시에는 생겨났다가 사라지는 신성*이 논쟁이 되었다. 왜냐하면 아리스토텔레스 철학은 천상계에는 변화가 결코 일어나지 않는다고 했으나, 생겼다가 사라지는 신성들은 천상계의 변화를 보여 주는 증거로 여길 수 있기 때문이었다. 하지만 키아라몬티는 아리스토텔레스 철학을 철저히 수호했다. 그는 신성들이 변화가 없는 천상, 곧 달 위쪽에서 일어나는 현상이 아니라 지상계에 가까운 달 아래쪽에서 일어나는 현상이라는 주장을 편 대표적 인물이었다. 그저 주장만 한 게 아니라 여러 과학적 근거를 제시했다. 그는 다른 천문학자들이 남긴 열세 가지의 신성 관측 자료를 비교하고 계산하여, 신성이 달 아래쪽에서 일어나는 현상이라는 결론을 이끌어 냈다.

살비아티는 이런 해석과 결론이 왜곡되어 큰 잘못을 저지르고 있음을 집중해 비판한다. 코페르니쿠스 천문학의 비판을 피하고 도리어 그 천문학을 비판하려고 아리스토텔레스 학자들이 기본 자료조차 멋대로 왜곡했던 행태, 그 잘못된 학문의 세태를 키아라

---

*처음에는 희미했는데 폭발 따위에 의하여 갑자기 밝아졌다가, 다시 천천히 희미해지는 별을 말한다.

몬티 사례를 본보기 삼아 드러내려는 게 지은이 갈릴레오의 뜻일 것이다.

이어지는 살비아티의 비판은 매우 집요하다. 예를 들어, 그는 키아라몬티가 계산식에서 빼놓은 관측 자료들까지 포함해 다시 계산하고 그 결과를 독자들에게 제시한다. 계산 결과를 보면 키아라몬티의 결과와 완전히 다르다. 그러므로 갈릴레오는 이 대목에서 같은 관측 자료를 쓰고도 어떻게 계산식을 짜느냐, 어떻게 해석하느냐에 따라 주장하려는 결론이 얼마나 달라지는지 직접 보여주고 있는 것이다. 아리스토텔레스의 가르침을 덮어놓고 믿는 키아라몬티가 자신에게 유리한 자료를 골라서 인용하고 자기주장에 유리한 쪽으로 계산했으니, 주장이 먼저 있고 나서 근거를 거기에 맞춰 구성한 셈이다.

"독립심!" 진리 탐구의 자세를 가다듬으며

둘째 날과 셋째 날 대화가 모두 아리스토텔레스 학자의 학문 태도를 신랄하게 비판하는 내용으로 시작한다. 그러면서 진정한 학문의 길이 무엇인지 묻는다. 이러한 구성은 갈릴레오가 일부러 의도한 것일까? 아마도 갈릴레오는 의식적이건 무의식적이건 아리스토텔레스 학자들이 세운 엉터리 권위를 깨어 보겠다는 생각을 품었으리라. 겉으로 보기에 굳건하고 믿음직스러운 아리스토텔레스 철학의 절대 권위가 사실은 절대적인 게 아님이 분명해질수록, 살비아티가 새로운 천문학 이야기를 좀 더 자유로운 분위기에서 펼칠 수 있을 테니까.

하지만 섣부르게 생각하지 말아야 할 게 있다. 그것은 갈릴레오가 고대 철학자 아리스토텔레스에 대한 평가와 아리스토텔레스 말씀을 따르는 당시 학자들에 대한 평가를 달리했다는 점이다. 그는 『대화』에서 아리스토텔레스의 정신을 끊임없이 오늘에 되새기고 다듬지는 않고서 옛날 옛적의 권위에 올라타고는 자기 권위와 이익만을 챙기려는 당대 아리스토텔레스 추종자들을 단호하게 비판한다. 나아가 그는 아리스토텔레스 선생이 살아 계신다면, 그분은 정작 자기를 떠받드는 사람들의 '권위'를 인정하지 않을 것이라는 얘기도 한다.

살비아티: 만일 아리스토텔레스가 천상에서 새로운 발견들을 보게 된다면 그분이 자기 견해를 바꾸어 책을 고쳐 쓰고 더 분별 있는 원리를 받아들일 것이며, 너무도 박약한 마음을 지녀 아리스토텔레스가 한 번이라도 말한 것이면 죄다 구차하게 계속 떠받들려 하는 사람들과는 거리를 둘 것이라고 그대는 생각지 않소? (……) 아리스토텔레스 선생에게 헛된 권위의 왕관을 씌운 사람은 추종자들입니다. 그분이 권위를 빼앗아 자기 것으로 만든 게 아니죠. 추종자들은 공개 법정에 자기 얼굴을 드러내기보다 그 누군가의 외투 속에 숨는 게 훨씬 더 손쉽기에, 두려워서 단 한 발자국도 그분에게서 벗어나려 하질 않습니다. 또 추종자들은 아리스토텔레스 철학의 천상계를 고치지는 않고, 자연의 천상계에서 그들 자신이

똑똑히 보는 것들을 깊이 생각하지도 않은 채 부정부터 합니다.(128~129)

아리스토텔레스 철학자에 대한 비웃음과 비난이 계속되자, 더이상 참지 못한 심플리치오는 "경솔하고 어리석은 지성인이라 해도 아리스토텔레스를 믿지 못하겠다는 데까지 나아가선 안 된다."고 선을 그어 경계한다. 또 "아리스토텔레스를 포기한다면, 누가 우리의 철학을 안내할 수 있다는 말인가?"라며 반박하기도 한다. 이런저런 문제가 있다 해도 저 위대한 아리스토텔레스 철학을 대신할 대안도 없지 않느냐는 얘기다.

이 대목에서 오늘날에도 두고두고 되새겨 볼 만한 살비아티의 멋진 대사가 등장한다. 자기 눈을 믿고 자신을 안내자 삼아 나아가는 게 바로 학문과 성찰의 참된 태도라는 내용을 담고 있는 대사다.

살비아티: 숲 속이나 낯선 곳에선 길잡이가 있어야겠지요. 그러나 훤히 트인 평지에선 장님에게나 길잡이가 필요합니다. (……) 그러나 두 눈이 있고 지혜를 지닌 사람이라면 스스로 길잡이가 되지요. 이런 제 말씀이 아리스토텔레스 선생의 말씀에 귀 기울여서는 안 된다는 뜻은 아닙니다. 사실 저는 그분의 책을 읽고 세심하게 연구하는 일에 갈채를 보냅니다. 제가 비난하는 건, 오로지 그분의 말씀이라면 죄다 맹목적으로 찬동하고 어떤 다른 근거도 찾아보려

하지 않으면서 그분 말씀을 불가침의 신조처럼 모시는 식으로 그분의 노예가 되려는 사람들입니다. 이런 불합리는 또 다른 심각한 혼란을 일으키죠. 다른 사람들도 그분의 여러 증명에 담긴 좋은 점들을 이해하려고 더 열심히 노력하지 않게 된다는 겁니다. 더욱더 역겨운 일은 공개 논쟁에서 누군가가 증명할 수 있는 결론을 다룰 때에 아리스토텔레스 선생의 글귀를 들이대며 그 사람의 입을 막아 버린다는 겁니다. 정말이지 심플리치오 님이 이런 식으로 공부하고자 한다면, 철학자라는 이름을 버리고 아리스토텔레스 선생의 옛 글귀나 달달 외는 역사가나 암송 전문가를 자처하는 게 나을 겁니다. 철학을 하지도 않는 사람이 철학자라는 존경스러운 이름을 꿰차는 건 옳은 일이 아니니까요.(130~131)

낡은 권위의 노예가 되지 않겠다는 생각의 독립! 독립심이 중요하다. 갈릴레오는 독자들에게 아리스토텔레스의 이름을 팔아 자기 권위를 지키려는 학자들과 위대한 스승 아리스토텔레스를 구분하라고 말함으로써, 당대 학자들의 엉터리 권위를 거세게 흔들어 대고 있다.

지구 자전에 관한 반박과 재반박이 이어지다

이제 세 사람의 대화는 '지구는 자전 운동을 하는가?'라는 쟁점을 다루며 『대화』의 본론으로 들어선다. 하지만 지구의 자전 운동을 실제로 증명하기는 쉽지 않다. 이 세상 땅덩어리 전체가 날마다 한 번씩 쉬지도 않고 스스로 돈다는 것을 일상의 경험에서 어떻게 알 수 있고, 또 어떻게 증명할 수 있을까? 오히려 우리 경험은 지구 자전설을 뒤집는 증거를 더 많이 알고 있다. 이 땅덩어리가 빠르게 돈다면 물체가 어떻게 똑바로 떨어질 수 있을까? 지구의 회전 때문에 생길 법한 어지럼증이나 원심력을 조금이라도 느껴 본 적이 없지 않은가? 그런데도 엄청난 지구 땅덩어리가 하루에 한 번씩 자전한다는 얘기를 믿으라는 말인가?

지구 자전설은 일상 경험과는 너무도 다른 이론이다. 그러니, 살비아티가 과연 지구 자전 운동을 17세기 독자들에게 어떻게, 얼마나 설득력 있게 증명하고 나설지 눈여겨보는 것도 『대화』를 읽는 즐거움 중 하나일 듯하다. 앞으로 더 살펴보겠지만, 갈릴레오는 '무엇이 진리인가?' 또는 '무엇이 진리가 될 수 있는가?'라는 측면에서 볼 때에 단순명쾌한 추론과 그럴 가능성이 아주 높은 추론, 다시 말해 단순성과 개연성을 갖춘 추론이 진리에 가깝다는 믿음을 여러 차례 강조한다. 또한 우리가 직접 보고 만질 수 없는 영역의 진리라면, 자연 현상에서 찾아낸 수학적 단순함과 개연성에 의지해서 입증할 수 있는 지식이야말로 참됨에 이를 수 있다는 믿음을 보여 준다.

"지구가 운동하나 천상이 운동하나, 상대적 관계일 뿐"

17세기 코페르니쿠스 천문학자들은 어떤 근거로 아리스토텔레스와 프톨레마이오스 우주론이 주장하는 지구 정지설을 비판했을까? 살비아티가 간추려 제시한 일곱 가지 반박의 근거는 당시에 갈릴레오를 비롯해 코페르니쿠스 천문학을 옹호한 학자들이 전통적 우주론에 어떤 의문을 던졌는지 잘 보여 준다.

첫 번째 반박은 '운동의 상대성'에 근거를 두고 있다. 운동이 상대적이라는 말은 무슨 뜻일까? 예를 들어 내가 강에서 배를 타고 있다고 생각해 보자. 시속 30킬로미터의 등속으로 움직이는 배 위에서 배가 나아가는 쪽으로 공을 시속 30킬로미터로 던진다면 공의 운동 속도는 어떻게 될까? 배 위에 있는 나는 공이 시속 30킬로미터로 날아간다고 느낄 것이다. 하지만 강가에서 나를 보고 있는 사람은 시속 60킬로미터로 날아가는 공을 보게 될 것이다. 운동은 관찰하는 사람이 어디에 있느냐에 따라 다르게 나타난다. 이처럼 운동은 보는 이에 따라 다르게 나타날 수 있다는 뜻에서 상대적인 것이다.

배를 타고 가며 정지해 있는 강가를 바라보면 내가 탄 배가 움직이고 있음을 알 수 있다. 하지만 내가 정지해 있다고 느끼는 순간, 강가의 물체들이 뒤쪽으로 밀려난다고 느끼는 착각은 누구나 한번쯤 해 봤을 법하다. 강가 도로에서 자동차가 배와 같은 방향과 속도로 달리고 있고 내가 그 자동차의 운동만 바라본다면, 배에 탄 나는 자동차가 함께 정지해 있다는 착각에 빠질 수도 있다. 우리가 오감으로 느끼는 운동이 이렇게 상대적일 수 있고, 오감이 어떤 착각에 빠진다면 내가 움직이는지 상대편이 움직이는지 알지 못할 수도 있다는 얘기다. 전통적인 아리스토텔레스 자연 철학자들이 지구가 정지해 있고 천상 물체들이 움직이는 게 절대 진리라고 주장하지만, 이렇게 따지고 보면 이런 주장도 상대적인 진리일 수 있다는 게 살비아티의 얘기다.

그렇다면 과연 어느 쪽이 진짜 운동을 하고 있을까? 지구일까, 아니면 지구를 뺀 나머지 천체들일까? 지구 밖에서 지구와 다른 천체들을 한눈에 볼 수 있다면 지구가 정말 운동하고 있는지 아닌지 단박에 밝혀질 터지만, 아쉽게도 갈릴레오의 시대는 17세기이며 우주여행은 불가능한 일이니 어쩔 수 없다. 그 대신 살비아티는 담대한 상상을 펼쳐 보인다.

살비아티: 자, 우주를 두 부분으로 나눠 봅시다. 하나는 반드시 운동을 행하고 다른 부분은 반드시 운동하지 않는다고 칩시다. 그렇

게 나눠 보면 지구만 운동할 때나, 아니면 지구를 뺀 나머지 모든 우주가 운동할 때나 결과는 마찬가지가 되죠. 왜냐하면 그런 운동은 천체와 지구의 '관계'에서만 나타날 뿐이니까요. 그 관계만이 바뀔 뿐입니다.(135)

운동의 상대성을 인정하면, 지구만 운동한다는 견해와 지구만 정지해 있다는 견해가 모두 다 옳을 수 있다. 날마다 해가 동쪽에서 떠서 서쪽으로 지는 모습은, 우리가 정지해 있는 지구에 살건 하루에 한 번씩 자전하는 지구에 살건 똑같이 경험할 수 있는 현상이다. 이렇게 보면 전통 천문학의 지구 정지설이나 새로운 천문학의 지구 운동설 모두 똑같이 따져 봐야 할 논쟁의 대상이 된다. 해가 뜨고 지는 것을 내가 두 눈으로 보았다고 해서 반드시 '해는 지구 둘레를 회전한다.'고 말할 수는 없다는 얘기다.

자세히 들여다보기

갈릴레오의 상대성과 아인슈타인의 상대성

'상대성 이론' 하면 가장 먼저 떠오르는 과학자는 아인슈타인이겠지만, 이 책 『대화』에서 볼 수 있듯이 갈릴레오도 운동과 역학 이론에서 상대성의 개념을 무척 중요하게 다뤘다.

갈릴레오의 상대성 이론은 우리가 당연하게 느끼는 운동도 사실은 상대적인 것임을 밝힌 것이다. 등속으로 움직이는 배 위에서 돌멩이를 똑바로 위로 던지면 돌멩이는 던진 자리로 다시 떨어진다. 등속으로 달리는 열차를 타고 있는 사람들은 공을 던지고 받을 때에 정지한 열차 안에서 공을 던질 때처럼 공의 운동을 보게 된다. 이처럼 등속으로 움직이는 공간 안에서 이뤄지는 운동은 정지한 공간 안에서 이뤄지는 운동과 똑같이 나타난다. 물론 움직이는 배나 열차 밖에 있는 사람들이 볼 때에는 그 운동이 배나 열차 안에서 볼 때와는 다르게 나타날 것이다.

이와 마찬가지로 갈릴레오는 우리가 지상에서 보는 운동이 모두 그렇게 보일 뿐이지 언제나 그렇지는 않다는 점을 밝혔다. 지구는 엄청난 속도로 회전하고 있지만 지상에서 공을 던질 때에 우리 감각은 지구의 운동은 지각하지 못한 채 공의 운동 속도만을 지각하게 된다. 아리스토텔레스 철학자들은 물체가 수직으로 낙하한다는 사실이 지구가 정지해 있음을 입증하는 명백한 증거라고 주장했지만, 갈릴레오의 상대성 이론으로 보면, 수직 낙하는 지구가 정지해 있건 운동하고 있건 상관없이 똑같이 지상에서 일어나는 운동일 뿐이다.

아인슈타인의 상대성 이론은 이보다 훨씬 더 복잡하다. 단순하게 말하면, 물체의 운동뿐 아니라 우리가 흔히 절대적이라 여기는 시간과 공간, 질량도 상대적이라는 사실을 밝혔다. 아인슈타인은 빛이 초속 30만 킬로미터의 등속으로 언제나 불변한다는 자연 원리를 주창했으며, 이런 사실을 바탕으로 물체의 운동이 빛의 속도처럼 매우 빠르게 일어나는 세계에서는 시간마저 느리게 흐른다는 사실을 밝혀냈다. 그 이론으로 보면, 빛과 똑같은 속도로 물체가 운동한다면 시간은 멈추게 되며, 빛보다 더 빠른 속도로 운동한다면 과거의 시간으로 날아가는 시간 여행도 상상할 수 있게 된다. 상대성 이론은 중력이 큰 곳에서는 공간마저도 휘어지고, 따라서 직진하는 빛도 휘어진다는 사실도 밝혔다.

지구가 자전한다는 생각만 받아들이면 간단히 풀린다

이렇게 운동의 상대성을 인정하면, 이제는 오래된 선입견을 버리고 두 가지 이론을 대화의 탁자 위에 똑같이 올려놓고 둘 가운데 무엇이 더 진실에 가까운지 이성과 자연의 원리로 따져서 가려내는 일만이 남게 된다.

> **살비아티**: 그러니 보세요. 지구가 운동하고 지구를 뺀 나머지 모든 우주가 정지해 있다고 보건, 아니면 지구만 움직이지 않고 우주 전체가 한 가지 운동을 한다고 보건 언제나 똑같은 결과가 나타나지요. 이렇게 지구 하나만 자전한다고 보아도 같은 결과가 나타나는데도, 구태여 헤아릴 수 없을 정도로 수많은 거대 천체가 상상할 수 없을 정도로 빠르게 운동한다고 보면서 그런 같은 결과가 나타난다고 말하고 있으니, 도대체 누가 그런 얘기를 믿겠습니까?(135~136)

이어지는 두 번째 반박은 '간편함'의 문제를 제기한다. 지구만 정지해 있고 나머지 우주가 움직인다고 보는 프톨레마이오스 천문학에서는 갖가지 불규칙한 천문 현상을 이리저리 끼워 맞춰 복잡하게 계산하고 설명해야 하는 문제가 생긴다. 특히 행성(떠돌이별)*이 가장 큰 문제였다. 지상에서 볼 때, 한 해 동안 행성들은 서쪽에서 동쪽으로 나아가는 동진 운동을 한다. 하지만 어느 때엔 갑자기 서쪽으로 되돌아가다가 또다시 동진을 한다. 일관된 운동을 하지 않고 앞으로 갔다 뒤로 갔다 하는 것이다. 사실 이는 움직이는 지구에서 볼 때 생기는 현상이지만, 지구가 움직이지 않는다고 본 프톨레마이오스 천문학은 이 불규칙한 천문 현상을 제대로 설명할 수 없었다. 그래도 억지로 끼워 맞춰 설명하려다 보니 이론 체계가 갈수록 복잡해지고 누더기가 되어 갔다.

지구가 자전한다는 생각만 받아들이면 이런 복잡한 문제가 손쉽게 풀린다. 지구 정지설을 고수하고자 군이 복잡하고 옹색한 이론과 계산법들을 새로 만들고 옹호할 필요가 없는 것이다. 갈릴레오의 이런 논증은 '단순한 것이 진리'라고 보는 물리 과학의 전통적 믿음과도 일치한다. 현대 물리학자와 수학자들도 단순하고 명쾌한 자연법칙이나 공식을 얘기할 때 흔히 '아름다운 수식', '아름다운 법칙'이라고 표현하곤 한다. 어쨌든 여러 가지 복잡한 운동이

---

*화성, 목성, 토성과 같이 천구 상에서 움직임이 보이는 천체를 행성이라고 하며, 다른 말로 떠돌이별이라고 한다. 이에 비해 움직이지 않는 것처럼 보이는 천체를 항성(별)이라 하며, 다른 말로 붙박이별이라고 불렀다.

아니라 단순한 지구 운동으로 간편하게 설명할 수 있다는 점은 새로운 천문학이 내세우는 장점 중 하나였다.

살비아티: 모든 천상의 변화가 지구가 없다면 무의미하지요. 한번 볼까요? 자, 지구가 없다고 생각해 보세요. 그러면 우주에는 태양과 달이 뜨고 지는 일도 더 이상 없게 되고 지평선과 자오선도 없어지며 낮과 밤도 없게 됩니다. 한마디로 달에서나 태양에서나, 또 심플리치오 님이 말씀하신 붙박이별이건 떠돌이별이건 어떤 별에서나 결코 아무런 변화가 생기지 않을 겁니다. 이 모든 변화는 지구와 천체의 관계에서 생겨나는 것이니까요. (……)

훨씬 더 어려운 문제가 있어요. 만일 이 거대한 운동이 천상에서 본래 일어나는 것이라고 보면, 모든 행성은 그것과 정반대 방향으로 운동하고 있는 게 됩니다. 모든 행성이 각자의 궤도를 따라 아주 부드럽고 적당한 속도로, 서쪽에서 동쪽으로 움직이니까요. 행성 운동이 이렇다는 데엔 논란의 여지가 없겠지요. 그런데 그러다가도 행성은 급하게 동쪽에서 서쪽으로, 다른 방향으로 돌진합니다. 우왕좌왕입니다. 하지만 지구가 운동을 한다고 보면, 이런 모순이 사라집니다. 서쪽에서 동쪽으로 향하는 단 하나의 지구 운동이 모든 관측 자료와 일치하고 완전하게 만족시키니까요.(136)

중세 우주론의 천구

중세 프톨레마이오스 천문학자들은 하늘과 우주를 공 모양이라 생각했다. 달, 태양, 행성, 그리고 수많은 천체들이 모두 작거나 큰 공 모양의 '천구'에 달라붙어 있어 천구와 함께 회전한다고 여겼다. 천구는 모두 투명하기에 우리 눈에는 보이지 않고 천체의 운동만 보이게 된다.

이런 우주는 양파 껍질 같은 구조를 지닌다. 맨 바깥쪽에 수많은 별이 총총히 박혀 있는 항성 천구가 있다. 그 안쪽엔 토성이 붙어 있는 토성 천구가 있고, 더 안쪽엔 목성 천구가 회전하고 있다. 이런 식으로 지구 바깥쪽에는 달, 수성, 금성, 태양, 화성, 목성, 토성과 별들의 천구가 여덟 개나 있으며 차곡차곡 포개진 구조를 이루며 회전하고 있다는 것이다.

중세 우주론에서, 별들은 가장 먼 행성인 토성보다도 엄청 더 멀리 떨어진 곳에서 회전하는 가장 큰 천구에 박혀 있다. 별들의 자리가 변하지 않는 것은 별들이 모두 항성 천구에 붙어 있기 때문이라고 여겼다.

"모든 천체가 날마다 지구를 한 바퀴씩 돌아야 한다니"

세 번째부터 일곱 번째까지 반박은 구체적인 천문학과 역학 지식에 바탕을 두고 있다. 반박을 하던 중에 잠시 살비아티는 검열 당국의 눈을 의식했는지, 이런 반박이 전통 천문학을 통째로 부정하려는 게 아니라 새로운 천문학의 가설이 그저 이치에 더 잘 들어맞을 수도 있음을 보여 주려는 것일 뿐이라는 해명도 잊지 않는다.

세 번째 반박은 지구 자전설이 우리가 알고 있는 '우주의 질서'에 잘 들어맞는다는 주장이다. 운동 궤도가 클수록 행성의 회전 주기가 더 길어지는 자연의 원리를 지구 자전설로 보면 더 쉽게 이해된다는 것이다. 반대로 우주의 질서를 혼란스럽게 만드는 것은 다른 게 아니라 프톨레마이오스 천문학이라고 반박한다.

살비아티: (프톨레마이오스 천문학은) 천체들에 나타나는 궤도 운동의 질서를 더 혼란스럽게 만듭니다. 그 질서란 궤도가 클수록 회전 주기도 더 길어진다는 것이죠. 그래서 큰 원을 그리는 토성은 30년이나 걸려 한 번 회전합니다. 목성은 이보다 작은 원을 그려 12년 만에 한 바퀴를 돕니다. 화성은 2년이 걸리고, 더 작은 원을 그리는 달은 한 달밖에 안 걸리죠.

목성의 위성들에서도 그런 주기를 볼 수 있습니다. 목성에 가장 가까운 위성은 아주 짧은 주기로 회전해 대략 48시간 걸립니다. 다음 위성은 3일 반, 세 번째 위성은 7일, 가장 바깥쪽 위성은 16일이 걸립니다.

이런 조화는 지구가 24시간을 주기로 자전한다 해서 바뀌지는 않아요. 하지만 지구가 정지해 있다고 보면 어떨까요? 달의 한 달 주기를 지나, 화성의 2년 주기, 목성의 12년 주기, 그리고 토성의

30년 주기를 넘어, 계속 더 나아가면서 비교조차 할 수 없을 만큼 큰 궤도에 놓인 어떤 천구를 하나 만나게 되겠지요. 그 천구도 반드시 24시간 안에 지구를 한 바퀴 다 돌아야만 합니다. 이렇게 되면 골치 아픈 혼란이 생깁니다. 그러나 이건 약과입니다. 항성 천구까지 나아가 봅시다. 토성에서 저 멀리 떨어져 있는 항성 천구는 토성의 궤도, 회전 주기와 비례식으로 따져 볼 때 수천 년이나 걸릴 만큼 아주 느린 운동을 할 터인데 이건 또 어떻게 하나요? 게다가 더 나아가 다시 더 큰 항성 천구를 생각한다면? 이 모든 항성 천구가 어김없이 24시간 만에 지구를 한 바퀴씩 다 돌아야 한다면 이 얼마나 큰 비약입니까? 하지만 운동하는 게 다른 것이 아니라 바로 지구라고 보면, 이런 회전 주기의 질서는 아주 쉽게 이해됩니다.(137~138)

토성은 한 번 회전하는 데 30년이나 걸린다. 그런데 그와 비교조차 되지 않을 정도로 훨씬 더 먼 거리에 있는 항성 천구가 단 하루 만에 한 바퀴를 돌 수 있겠느냐는 것이다.

네 번째는 전통 천문학의 허점을 좀 더 자세히 짚어 내는 반박이다. 하늘을 관측해 보면 지구 극 쪽의 별들은 느리게 운동하고 극에서 멀리 떨어져 있는 별들은 빠르게 운동하는 식으로 속도 차이가 나타난다. 살비아티는 이런 관측 결과가 전통 천문학으로는 잘 이해되지 않는 난처한 문제라고 꼬집는다. 전통 천문학은 모든 천체가 거대한 원을 그리며 운동한다고 보면서도, 지구 적도에서 가까운 곳에 뜬 별들은 큰 원을 그리며 운동하고, 극에서 가까운 곳에 뜬 별들은 아주 작은 원을 그리며 운동한다고 보는 것이 불합리하다는 것이다.

이어지는 반박으로 살비아티는 오랜 세월이 흐르면 별들의 궤도 크기와 운동 속도가 달라지기도 하는데, 이런 변화는 또 전통 천문학이 어떻게 설명할 수 있을지 추궁한다.* 여섯 번째 반박은 별들이 모두 딱딱한 투명 고체의 항성 천구에 달라붙어 고정돼 있다고 믿는 전통 천문학이 여러 의문을 불러일으키고 있다고 지적한다. 마지막 일곱 번째 반박은 흥미롭다. 우주를 움직이는 힘의 문제를 꼬집는다. 지구를 뺀 나머지 우주 전체를 24시간에 한 번씩 날마다 회전하게 만드는 저 엄청난 힘과 동력은 과연 어디에서 얻을 수 있느냐는 것이다. 살비아티는 이렇게 말한다.

살비아티: 지고한 천상이 하루 한 바퀴씩 회전하려면, 수없이 많은 붙박이 항성을 움직이는 데 아주 강력한 힘과 동력이 있어야 할 겁니다. 붙박이별들은 모두 지구보다 훨씬 더 큰, 엄청난 크기의 천체니까요.(139~140)

한마디로, 우주가 그토록 비효율적인 역학으로 움직일 턱이 있느냐는 반박이다.

---

*현대 천문학으로 보면, 이런 변화는 지구의 자전축이 조금씩 변해서 생기는 현상이다.

이렇듯 일곱 가지 난제는 모두 프톨레마이오스 천문학이 떠안고 있는 수수께끼였다. 이런저런 의문을 푸는 가장 간단한 방법은 단 한 가지뿐! 살비아티는 "지구가 운동한다고 보면 이런 문제가 다 사라진다."고 강조한다. 이게 바로 '갈릴레오 7대 반박'이 보여 주려는 종착점이었다.

심플리치오의 반박, "아리스토텔레스가 이미 다 증명했잖소!"

대화는 논쟁으로 번지고 분위기는 뜨거워진다. 이제 심플리치오가 반론에 나선다. 아리스토텔레스 자연 철학자들이 이뤄 놓은 여러 연구를 소개하며 아리스토텔레스 철학을 변호하고 코페르니쿠스 천문학의 문제를 하나하나 짚어 낸다. 그는 먼저 살비아티의 장황한 주장이 "새로울 게 없다."며 단호하게 물리친다. 그런 주장들이야 아리스토텔레스 선생이 이미 다 알고서 충분하고도 명쾌하게 해명했다는 것이다. 17세기에 던져진 물음에 대한 반론으로 2000년 전 문헌에 적힌 말씀을 암송하듯이 전하고 있으니, 심플리치오는 정말 분위기 파악을 못 하는 순박한 학자이거나 아리스토텔레스 철학의 순박한 지지자인 듯하다.

그렇다고 해도 심플리치오의 반박에서 당시 새롭게 등장하는 천문학이 넘어야 할 문제가 무엇인지 알 수 있으니, 핵심적인 반론을 들어 보기로 하자.

심플리치오: 그런 논거들은 새롭지도 않습니다. 아주 오래된 거

죠. 아리스토텔레스 선생이 이미 그걸 다 반박하셨거든요. 그분의 반박은 이렇습니다.

첫째, 지구가 중심에서 홀로 돌건 중심에서 떨어진 곳에서 원운동을 하건 상관없이, 지구가 원운동을 한다면 그것은 강제에 의한 운동이라고 볼 수밖에 없습니다. 지구의 원운동은 자연스러운 운동이 아니기 때문이죠. 왜냐하면 지구가 원운동을 한다면 지구를 이루는 흙덩어리 하나하나에서도 원운동이 일어나야 할 텐데, 흙덩어리들은 모두 자연스럽게 중심을 향해 직선 운동을 하지 않습니까? 그러므로 지구가 원운동을 한다면 그것은 강제로 이뤄지는 것이며 자연스러움에서 벗어나 있기에 영속적으로 이뤄질 수도 없습니다. 우주 질서는 영속한다는 원리에 어긋납니다.

둘째, 원운동을 하는 천체들이, 항성 천구를 빼고는 모두 전날보다 조금씩 물러난 자리에 나타나 뒤처지며 운동한다는 것은 이미 관측으로 확인된 사실입니다. 곧, 한 가지 이상의 운동을 하는 것이죠. 그러므로 지구가 운동을 한다면 마찬가지로 반드시 두 가지 운동을 할 게 분명합니다. 그런데 보십시오. 만일 지구가 두 가지 운동을 한다면 붙박이별들에서는 지금과 다른 모습이 여럿 관측돼야 하지만 실제로 그런 일은 일어나지 않습니다. 별들은 늘 자기 자리를 지키면서 변함없이 뜨고 지지 않습니까?

셋째, 부분들의 자연 운동과 전체의 자연 운동은 모두 우주 중심을 향합니다. 이런 이유 때문에 그 자연 운동은 또한 우주의 중심에 머물게 마련입니다. 따라서 그분은 그러고 나서 부분들의 운동이 우주 중심을 향하는지, 아니면 지구 중심을 향할 뿐인지 논하면서 부분들의 본래 속성은 우주 중심을 향하게 마련이고, 지구의 중심이 그런 우주 중심이 된 것은 우연일 뿐이라는 결론을 내리셨지요. 어제 상세히 말씀드린 내용입니다.

마지막으로 그분은 무거운 물체가 수직으로 땅바닥에 떨어진다는 실험을 근거로 삼아 자신의 주장을 보강했습니다. 수직으로 던진 물체도 같은 수직선을 따라 떨어지죠. 아무리 높게 던져도 마찬가지입니다. 이런 논증은 물체의 운동이 지구 중심을 향하고 있음을 입증해 주는 게 분명합니다. 그때 지구는 조금도 움직이지 않은 채 위로 던진 물체를 다시 받게 되는 거죠.(144~145)

짧게 정리하면, 첫째 반론은 지구에서는 무거운 물체가 땅으로 떨어지는 수직 운동만이 자연 운동이기에, 논리적으로 따져 볼 때 원운동 같은 다른 강제 운동은 영속적으로 일어날 리 없다는 얘기다. 둘째 반론은 이렇다. 지구가 다른 행성들처럼 원운동을 한다면 다른 행성들이 하루 운동(일주 운동)과 한 해 운동(연주 운동)을 하듯이 두 가지 원운동을 해야 한다. 그런데 지구가 그렇게 두 가지 원운동을 한다면 우리가 지구에서 볼 수 있는 하늘의 모습도 지금과는 달라져야 하는데 그렇지 않다는 논리다. 셋째 반론은 지구 중심이 우주 중심이 된 것은 논리적 필연으로 설명할 수 없고, 다만 두 중심이 우연히 일치했을 뿐이라는 해명이다. 넷째 반론은 지구가 회전 운동을 한다면 물체가 수직으로 떨어질 리 없기에 물체가 수직 낙하한다는 사실은 지구가 정지해 있음을 입증하는 분명한 실험 증거라고 강조한다.

"아리스토텔레스의 논리, 논리적으로 따져 봅시다"

심플리치오는 단순명쾌한 반론을 펼쳤다고 의기양양했지만, 이런 반론을 듣는 살비아티의 표정은 그리 심각해 보이지 않는 것 같다. 사실 이런 식의 반론은 살비아티한테도 "새로울 게 없소."였으리라. 그가 누구던가? 아리스토텔레스와 프톨레마이오스 천문학이 지닌 맹점을 오랫동안 연구한 이름난 천문학자 갈릴레오가 아니던가! 이런 주장을 수없이 들었을 갈릴레오가 다시 반박하기는 어렵지 않은 일이었을 것이다.

살비아티는 어떤 식으로 비판에 나서고자 했을까? 여기서 그는 아리스토텔레스가 했다는 말의 '논리'를 다시 '논리적으로' 따져 본다. 학자들이 그토록 '아리스토텔레스 선생 말씀의 논리'를 강조하고 있으니, 그렇다면 그 논리라는 게 정말 논리적인지 따져 보자는 뜻일 게다. 만일 논리의 형식으로 따져서 어떤 허점이 드러난다면, 아리스토텔레스 학자들이 강조하는 '논리적 주장'은 허망하게 무너질 것이다. 또 아리스토텔레스의 말을 편한 대로 해석하고 자신들에게 유리한 내용만을 골라 얘기했다는 비판을 피하기 어렵게 될 것이다.

재반박은 네 가지다. 심플리치오가 전한 첫째 반론, 곧 지구에서는 직선 운동이 자연 운동이고 원운동은 강제 운동이므로 지구에서 영속적인 원운동이 일어날 리 없다는 논리에 대해 이렇게 재반박한다. 살비아티는 논리적으로 살펴볼 때 아리스토텔레스가 지구에서 원운동은 불가능하다고 직접 말한 적은 없으며, 그 말뜻이 여러 가지로 풀이될 수 있는데도 학자들이 한쪽으로만 유리하게 해석하고 있다고 반박한다. 또 돌고 있는 것이 별과 행성이 아니라 지구라고 보더라도 아리스토텔레스식의 논리에는 문제가 나타나지 않는데도 왜 군이 이렇게 해석하지는 않으려 하느냐고 따져 묻는다. 결국 논리를 강조하는 아리스토텔레스 철학에도 모호함의 오류, 비논리의 오류, 그릇된 추론의 오류라는 논리의 문제가 있다고 제기한다.

이어 둘째 반론과 지구가 우주 중심이 된 것은 우연의 일치일 뿐이라는 셋째 반론을 가볍게 건너뛰고, 살비아티는 넷째 반론을 반박하는 일에 집중한다. 넷째 반론은, 수직으로 던진 물체가 같은 지점으로 다시 떨어지고 탑 꼭대기에서 떨어뜨린 돌이 수직으로 낙하하는 자연 현상을 보면 지구가 회전한다는 말을 도무지 믿을 수 없다는 것이었다. 살비아티는 이런 반론이 지구 운동설 논쟁에서 아주 중요한 쟁점임을 알아챘다.

살비아티: 네 번째로 넘어갑시다. 이 얘기는 길게 다루는 게 좋겠습니다. 왜냐하면 이 논증이야말로 나머지 다른 논증들 대부분이 근거로 삼고 있는 어떤 경험의 증거에 바탕을 두고 있으니까요. 아리스토텔레스 선생이 말씀하시길, 지구가 운동하지 않음을 보여

주는 가장 확실한 증명은 수직으로 던진 물체가 아무리 높게 던져도 처음 던질 때와 같은 길을 따라 같은 지점에 다시 떨어진다는 사실이라고 합니다. 만일에 지구가 운동한다면 이런 일은 일어나지 않을 거라는 거지요. 왜냐하면 쏘아올린 물체(투사체)가 위로 올라갔다가 밑으로 떨어지는 동안에도 지구가 회전한다면 쏘아올린 지점이 동쪽으로 멀리 이동하고, 그래서 다시 떨어지는 물체는 애초 지점에서 멀리 떨어진 곳에 떨어질 테니까요. 그러니 우리는 이제 투사체 논증을 더 다뤄야 합니다. 또 아리스토텔레스와 프톨레마이오스가 했던 다른 논증, 그러니까 높은 곳에서 떨어지는 무거운 물체가 수직으로 떨어진다는 수직 낙하 논증을 다뤄야 할 겁니다.(161)

무거운 물체의 수직 낙하에 관한 논쟁은 여러 생각거리를 던져준다. 수직 낙하를 두 눈으로 목격하는 우리의 감각 경험은 언제나 믿을 만한 증거가 될 수 있을까? 우리의 경험은 언제나 참과 거짓을 가려내는 진리 판단의 잣대가 될 수 있을까? 심플리치오가 말한 것처럼 과연 수직 낙하 실험이 지구 운동설을 부정하는 증거가 될 수 있는지, 아니면 또 다른 증거가 필요한지, 그것은 이어지는 대화에서 중요한 쟁점으로 다뤄진다.

수직 낙하를 논하며
지구 자전을 옹호하다

7

수직 낙하 논쟁 중에는 상대의 주장을 듣고는 실험은 해 보았냐고 따지는 장면이 자주 나온다. 그런데 정작 실험을 해 보았다는 경우는 별로 없다. 이는 갈릴레오가 실험에 대해 어떤 자세를 보였는지 짐작해 볼 수 있어 흥미롭다. 본격적으로 수직 낙하 논쟁에 들어가기 전에 갈릴레오가 실험에 대해 어떤 자세를 가졌는지 살펴보자.

우리는 근대 과학의 아버지로 일컬어지는 갈릴레오가 실험에서 얻은 증거를 중시한 데 반해 관념에 빠진 아리스토텔레스 자연철학자들은 실험 활동에 무관심했을 거라고 생각하기 쉽다. 그러나 갈릴레오가 여러 물리 법칙을 발견했다고 해서, 그가 실험 활동을 과학 연구의 첫 번째로 꼽았다거나 실험을 통해서 이런 법칙들을 다 발견했다고 보기는 어렵다. 또한 아리스토텔레스 철학자들이 실험 활동에 무관심했던 것도 아니다. 실제로 『대화』를 읽다 보면, 살비아티와 심플리치오 중에서 누가 더 실험 결과를 중시해 자기주장을 펴는지 헷갈릴 때가 종종 있다. 둘 다 실험이 중요하다고 말하면서도, 둘 다 실험이 과학 지식을 발견하는 데 결정적이라고는 생각하지 않는 것처럼 비치기에 하는 말이다. 먼저 실험에 관한 심플리치오의 생각을 들어 보자.

살비아티: 실험은 해 보셨나요?

심플리치오: 해 본 적은 없습니다. 하지만 그런 증거를 제시한 권위자들이 다 면밀하게 관찰했다고 믿어 의심치 않아요. 게다가 그런 내용은 너무나 정확히 알려져 의심할 여지가 없잖습니까?

살비아티: 권위자들이 실험을 해 보지 않고서 선상 실험을 얘기했을 가능성을 그대가 스스로 보여 주시는군요. 그대는 선상 실험을 해 보지도 않고서 그걸 확실하게 받아들여 그들의 단정을 충실히 따르고 있잖습니까? 마찬가지로 그들도 실험을 하지 않았을 것이 분명합니다. 그들도 그저 옛사람들을 믿고 누구도 실험을 하지 않았을 겁니다.(167~168)

실험 증거라며 말하는 심플리치오에게 살비아티가 직접 실험을 해 보고 하는 말이냐고 물으며 면박을 준다. 그런데 재미있게도 바로 뒤에는 심플리치오와 살비아티의 이런 처지가 뒤집히는 장면이 나온다. 심플리치오가 "그대는 백 번의 시험, 아니 단 한 번의 시험도 해 보지 않고도 어떻게 그토록 거리낌 없이 그게 확실하다고 공언하는가?" 하고 묻자 살비아티가 확신에 찬 말투로 이렇게 말한다.

살비아티: 실험을 해 보지 않고도 그 결과가 제가 말한 대로 나타나리라 확신합니다. 왜냐하면 그런 식으로 결과가 나올 수밖에 없으니까요. 그리고 그대도 아무리 모르는 체하거나 아는 눈치를 보이지 않으려 해도 실험 결과가 다른 식으로는 나타나지 않음을 익히 알고 있을 겁니다.(168)

두 사람은 모두 무엇이 확실한 지식인지 확인하기 위해서는 반드시 실험 결과를 얻어야 한다고는 생각하지 않는 듯한 모습을 보여 준다. 갈릴레오도 실험을 그다지 중요하게 여기지 않았던 걸까? 사실, 갈릴레오에게 실험은 대체로 해 보나 마나 빤한 결과를 내놓는 그런 것으로 이해되었다. 오늘날 과학자들이 수많은 실험을 하다가 예측하지 못한 새로운 발견을 우연찮게 일궈 내는 일이 더러 있다거나, 또한 실험이 곧 지식을 낳는 샘물이라고 이해하는 것과는 다른 모습이다. 갈릴레오는 실험보다는 자연이라는 책을 독해하는 데 도움을 주는 수학의 언어로 자연의 진리를 발견할 수 있다고 믿었다. 실험은 그렇게 해서 찾은 진리가 참된 것임을 남들에게 입증해 보여 주는 수단으로 이해하는 경향이 있었던 것을 그의 언행에서 볼 수 있다. 그러나 그렇다고 해서 갈릴레오가 실험이 '언제나' 필요 없고 실험 결과는 '언제나' 빤해 예측할 수 있다고 말하는 것은 아니라는 점을 유의해야 한다. 다만 수학의 언어를 더욱더 강조했던 것이다.

이제 열기가 달아오르는 수직 낙하 논쟁을 들어 보자. 지은이 갈릴레오는 이 대목에서 아리스토텔레스 자연 철학자들이 내세우는 실험 증거들, 그리고 코페르니쿠스 자연 철학자들이 내세우는 실험 증거들을 다양하게 다룬다. 지구가 정지해 있는지 자전 운동을 하는지 입증하거나 반박하는 여러 실험을 제시한다. 그중에서도 널리 알려진 선상 실험이 가장 중요한 사례다. 일정한 속도로 움직이는 배 위에서 수직으로 던진 물체가 처음 던진 지점에 다시 떨어지는지 살피는 실험이다. 이 실험에서 심플리치오가 강변하는 삼단 논법의 논리는 다음과 같다.

> 지구가 돌고 있다면 물체가 수직으로 낙하할 리는 없다.
>
> 그러나 물체는 수직으로 낙하한다.
>
> 따라서 지구는 돌고 있지 않다.

이 얼마나 '산뜻한' 삼단 논법인가! 이처럼 착착 논리에 맞아 떨어지는 지구 정지설을 부정하기는 쉽지 않다. 살비아티의 논쟁 전략은 먼저 철옹성처럼 보이는 삼단 논법의 허점 파고들기! 두 번째 줄에 놓인 항, 다시 말해 '중명사'(중간항)를 표적 삼아 집중 비판에 나선다. 물체가 수직으로 낙하한다는 것은 조금도 의심할 수 없는 명백한 참인가? 물체가 수직으로 떨어진다는 말에는 이미 지구는 돌고 있지 않음을 당연하게 여기는 믿음이 깔려 있지는 않은가? 즉 '물체는 수직으로 낙하한다.'는 말에는 '지구는 정지해 있다.'는 뜻이 담겨 있는데 그 말을 전혀 의심하지 않고 받아들이고는, 다시 그것을 근거로 지구는 정지해 있다고 증명하는 셈이 되니, 삼단 논법의 논리적 오류를 범하는 셈이 아닌가? 살비아티는 심플리치오에게 되묻는다. 다음의 일문일답에서 그런 논리의 허점이 드러난다.

살비아티: 지구가 자전한다고 보면, 탑 꼭대기에서 떨어지는 물체의 운동은 두 가지 운동의 복합이 될 겁니다. 하나는 탑 꼭대기에서 바닥으로 가는 운동이고 다른 하나는 탑을 좇아가는 운동*이지요. 이런 복합 운동으로 보면, 돌멩이는 더 이상 단순한 수직선을 그리는 게 아니라 아마도 직선이 아닌 비스듬한 선을 그리며 운동한다고 볼 수 있겠지요.

심플리치오: 그것이 직선이 아니라는 것에 관해서는 모르겠습니다만, 지구가 운동한다고 가정하면 그 운동이 비스듬해야 하며 수직선과는 달라야 함은 충분히 이해하겠습니다. 지구가 정지해 있다면 수직선이 될 테니까요.

살비아티: 그렇다면 그대가 처음부터 지구가 정지해 있다고 가정하지만 않는다면, 단지 돌이 탑을 스치듯 떨어지는 게 두 눈에 보인다고 해서 수직선을 그리며 떨어진다고 확신에 차서 말할 수는

---

*지구가 자전할 때 낙하 물체는 탑과 함께 원운동을 한다는 뜻이다.

없지 않을까요?

심플리치오: 정확히 말하면 그렇지요. 왜냐하면 지구가 움직이고 있다면 돌의 운동은 비스듬할 것이며 수직이 아닐 것이기에 말이죠.

살비아티: 그러면, 보세요. 아리스토텔레스와 프톨레마이오스 논리의 오류는 명백해집니다. 그대 스스로 찾아냈잖아요. 그분들은 증명하겠다고 한 것을 이미 다 밝혀진 것처럼 여기고 있는 꼴입니다.

심플리치오: 어떻게요? 제게는 제대로 된 삼단 논법 같은데요.

살비아티: 이런 식이죠. 그분은 삼단 논법으로 증명을 하면서 결론은 미리 알지 못한다고 하지 않습니까?

심플리치오: 그렇지요. 미리 안다면 그것을 입증할 필요도 없을 테니까요.

살비아티: 그런데 중명사를 보세요. 그분은 중명사가 이미 밝혀진 것으로 보지 않았나요?

심플리치오: 물론 그렇게 보셨지요. 그렇지 않다면 알지 못하는 것을 통해 알지 못하는 것을 증명하려는 시도가 돼 버리잖아요.

살비아티: 우리가 찾으려는 결론은 아직 알지 못하며 앞으로 증명해야 할 대상입니다. 그것은 '지구는 운동하지 않는다.'는 것이지요?

심플리치오: 그렇지요.

살비아티: 중명사는 이미 참으로 밝혀진 것이어야 하는데, 여기에서 그것은 '돌이 직선과 수직의 길을 따라 낙하한다.'는 거지요?

심플리치오: 그게 중명사지요.

살비아티: 그렇지만 처음부터 지구가 정지 상태임을 알지 못하면 이런 낙하가 직선이며 수직이라는 것도 알 수 없다고 조금 전에 우리끼리 결론을 내리지 않았습니까? 그러므로 그대의 삼단 논법에서는 중명사가 확실한 것이라고 말하지만, 그것은 아직 확정되지 않은 채 증명해야 하는 결론에서 끄집어낸 것이지요. 보세요, 그 삼단 논법이 얼마나 허술한 논리 오류인지 말입니다.(162~163)

이렇게 논리 오류를 지적하는 일과 함께 살비아티는 눈앞에 드러나는 '겉보기 운동'과 우리 감각으로는 파악할 수 없는 '실제 운동'을 구분해야 한다고 요구한다. 아침마다 해는 동쪽에서 뜬다. 이것은 우리 눈에 보이는 겉보기 운동이다. 하지만 실제로는 지구가 서쪽으로 자전하기 때문에 그렇게 보일 뿐이다. 그러므로 해는 가만히 있고 지구가 서쪽으로 자전하는 게 실제의 운동이다.

아리스토텔레스 철학자들은 지구에서 떨어지는 물체가 수직 낙하한다고 주장한다. 이는 사실 '겉보기의 수직 낙하'를 말하고 있을 뿐이다. 그러나 지구 운동의 참모습을 밝히려면 겉보기 운동과 실제 운동을 따로 생각할 줄 아는 안목이 필요하다. 겉보기 운동은 지구에 사는 인간이 태양과 행성의 운동, 지상 물체의 운동을 관찰하는 데에서 생겨나며, 실제 운동은 지구 밖에서 태양과 행성의 운동, 지상 물체의 운동을 바라보는 객관적 시선에서 생겨날 수 있다.

겉보기 운동과 진짜 운동 구별하기, '결정적 실험' 제안

여러 실험 결과를 제시하지만, 결론을 명쾌하게 내리지 못하는 상황이 이어진다. 심플리치오는 멈춰 있는 배의 돛 꼭대기에서 돌을 떨어뜨릴 때와 항해 중인 배의 돛 꼭대기에서 돌을 떨어뜨릴 때의 낙하 위치가 다르다는 주장을 하며 지구 자전설을 반박한다. '정리의 명수'인 살비아티가 그런 심플리치오의 반박을 아주 간결하게 정리한다.

> **살비아티**: 그대는 말했지요. 배가 정지 상태에 있을 때에 돌멩이는 돛의 밑동에 떨어지며 배가 운동 상태에 있을 때에 돌멩이는 거기에서 조금 떨어진 지점에 떨어진다고 말입니다. 그러면 거꾸로 생각해봅시다. 그 밑동에 돌멩이가 떨어지면 배가 정지 상태에 있다고 추론할 수 있고, 배가 밑동에서 떨어진 지점에 떨어지면 배가 움직이고 있다고 추론할 수 있겠지요. 그리고 배에서 일어나는 일이 마찬가지로 땅에서도 일어나니까, 탑 꼭대기에서 떨어뜨린 돌멩이가 탑의 밑동에 떨어지면 지구는 움직이지 않는다고 추론할 수밖에 없을 테지요.(167)

그렇다면 문제의 해법은 좀 더 간단해진다. 움직이는 배에서도 물체가 수직 낙하한다면? 이 사실이 입증되면 앞에서 한 심플리치오의 말은 거짓이 되고, 운동하는 지구에서도 물체가 수직 낙하할 수 있음은 참으로 증명될 수 있다.

그래서 살비아티는 결정적 승명을 해낼 만한 실험을 제안한다. 물론 세 사람이 실제로 실험을 하는 건 아니고 머릿속에서 이성에 의지해 결론을 찾아 나가는 머릿속 상상 실험이다. 살비아티는 심플리치오가 말한 여러 실험 결과가 지구 정지설을 증명하는 게 아님이 결정적으로 드러나리라고 장담한다. 살비아티가 가상의 실험 장치를 심혈을 기울여 자세히 묘사한다. 이 가상 실험은 바람 같은 다른 요인이 영향을 끼치지 않도록 하기 위해, 바람이 불지 않는 '선실 안 실험'으로 진행된다.

살비아티: 지상의 수직 낙하 실험이 지구의 정지나 운동을 증명하는 데 아무런 쓸모가 없음을 보여 주는 간단한 검증 방법을 하나 제시해 보겠습니다. 친구와 함께 어느 정도 큰 배를 타고 갑판 아래의 큰 선실에 들어가 문을 잠그세요. 파리, 나비, 다른 작은 날벌레 몇 마리가 있어야 합니다. 물을 담은 큰 사발에 물고기 몇 마리를 넣어 준비하세요. 물이 한 방울씩 떨어지는 병 하나를 위에다 매다시고요. 배가 정지해 있는 동안 작은 날벌레들이 선실에서 어떻게 날아다니는지 유심히 관찰하세요. 물고기는 무심하게 이리저리 헤엄칩니다. 물방울은 아래 그릇으로 떨어집니다. 그대 친구에게 배가 움직이는 방향으로 무언가를 집어 던질 때에도 그 반대 방향으로 던질 때보다 더 세게 던질 필요가 없습니다. 그대가 두 발로 껑충 뛰면 모든 방향으로 똑같은 거리를 이동할 겁니다. 배가 정지해 있을 때에 모든 것이 이런 식으로 일어난다는 것은 의심할

여지가 없지요.

이제, 배가 그대가 원하는 어떤 속도로 움직이도록 해 보세요. 그 운동은 등속이어야 하고 이리저리 출렁여서는 안 됩니다. 이렇게 하면 방금 애기했던 모든 효과에 조금의 변화도 나타나지 않는다는 것을 알게 될 겁니다. 또한 그런 효과들 가운데 어떤 것을 보고서 배가 움직이는지 아니면 정지해 있는지 말할 수도 없을 겁니다. 바닥에서 껑충 뛰면 배가 정지해 있을 때와 같은 거리를 이동할 겁니다. (······) 물방울은 이전과 마찬가지로 아래로 떨어질 겁니다. (······) 물속의 물고기는 뒤쪽으로 헤엄칠 때보다 더 힘을 들여 앞쪽으로 헤엄치지도 않을 겁니다. 마지막으로 나비와 파리들도 계속해서 무심하게 이리저리 날아다닐 것이며, 그것들이 배 뒤쪽으로 쏠리는 일도 일어나지 않을 겁니다. (······) 그리고 만일 향을 태워 연기가 피어오르면 그 연기는 작은 구름 모양을 유지하며 위로 올라가 조용히 머물러 한쪽으로 쏠리지 않을 겁니다.

이처럼 모든 효과가 배가 정지했을 때나 배가 운동할 때에 똑같이 나타납니다. 그 원인은 배의 운동이 그 안에 있는 모든 것에, 심지어 공기에도 공통으로 일어난다는 사실에 있습니다. 실험을 갑판 아래 선실에서 해야 한다고 말한 이유도 여기에 있습니다. 왜냐하면 공기가 개방된 갑판 위라면 공기가 배의 움직임을 따라 함께 움직이지 않을 것이고 앞서 말씀드린 효과 가운데 어떤 것들에서는 우리가 느낄 만한 차이가 조금은 발견될 것이기 때문입니다.(216~217)

살비아티의 가상 실험으로 수직 낙하 문제는 해결되었다. 지구가 운동을 해도 수직 낙하할 수 있다는 것이 밝혀졌다. 그럼 문제는 다 해결되었는가? 아니다. 그 밖에 지구 자전설을 반박하는 강력한 논증이 더 있다. 이른바 원심력 논증이다. 사회자 사그레도가 심플리치오를 대신해 그 주장을 소개한다.

> **사그레도**: 회전 속도가 빨라지면 회전판에 붙은 물체가 떨어져 날아간다는 것을 두 눈으로 볼 수 있는데, 이런 반박에 대해선 어찌할 거요? 프톨레마이오스를 비롯해 많은 사람은 지구가 엄청난 속도로 자전한다면 돌멩이나 짐승들이 틀림없이 별들을 향해 날아갈 것이며, 제아무리 튼튼하게 지은 건물이라도 땅바닥에 붙어 있지 못하고 마찬가지로 부서질 거라고 생각하잖소.(218)

힘을 얻은 심플리치오가 목소리를 높여 "만일 지구가 회전한다면 돌멩이, 코끼리, 건물, 도시 따위 모든 것이 허공으로 날아가게 됩니다. 이런 일은 일어나지 않으니 지구는 돌지 않는 게 분명합니다."라며 흥분해 벌떡 일어선다. 정말 그렇다. 지구가 회전한다면 어떻게 해서 지구 위 물체들이 그대로 붙어 있는 것일까? 심플리치오가 치명적인 일격을 가했다고 생각하고 흥분할 만하다.

그러나 살비아티는 당황하기는커녕 오히려 너스레를 떤다. "심플리치오 님, 하도 급하게 벌떡 일어서기에 허공으로 날아가는 줄 알았소이다." 하고 말이다. 살비아티는 이런 반론에 물러서기는커녕 오히려 다른 이들이 제시한 반론까지 끌어 모아 상대의 주장을 더 강하게 만들어 준다.

살비아티: 무거운 물체가 고정된 중심 둘레를 빠르게 회전할 때에는, 그것이 중심을 향하는 힘(구심력)을 지니더라도 중심에서 벗어나려는 힘(원심력)을 얻는다는 것이 왜 참인지 좀 더 실감 나게 보여 주고 싶군요. 그래서 그 주장을 더 단단하게 만들어 두고 싶습니다.

자, 물을 담은 병에 줄의 한쪽 끝을 매고는 다른 끝을 손으로 꽉 잡으세요. 그러고는 병을 빠르게 돌려 원을 그리세요. 수평이나 수직이나 경사나, 다른 어떤 상태가 되더라도 물은 결코 병에서 쏟아지지 않겠지요. 병을 돌리는 사람은 줄이 계속 벗어나려고 어깨를 강하게 당기는 것처럼 느낄 겁니다. 그리고 병에 구멍이 있다면 물은 측면이나 땅바닥뿐 아니라 하늘을 향해 흩뿌려지겠지요. (……) 꼬마들이 끝에 돌멩이를 매단 막대기를 돌리다 돌을 아주 멀리 던지는 모습도 볼 수 있습니다.

이 모든 걸 볼 때, 빠르게 회전하면 물체가 힘을 얻어 날아간다는 결론이 진리임을 알 수 있죠. 그리고 만일 지구가 스스로 회전한다면 그 표면 운동은, 특히 적도 부근의 운동은 앞서 말씀드린 물체와는 견줄 수도 없을 만큼 빠를 것이기에 지상에 있는 것들은 뭐든지 하늘로 내던져질 겁니다. (220~221)

살비아티는 이렇게 상대의 주장을 정리하며 반론의 핵심이 무엇인지 명확하게 보여 준다. 이제 반박을 펼칠 차례다. 지구가 빠르게 회전해도 지상 물체들이 하늘로 날아가지 않는다는 살비아티의 반박은 기하학의 증명을 통해 이뤄진다. "지구가 아무리 빠르게 원운동을 하고 지상 물체가 아무리 느리게 아래로 떨어지더라도, 깃털이나 더 가벼운 물체조차도 위로 날아갈 염려는 없음"을 증명하려는 것이다. 살비아티는 회전체에 붙은 어떤 물체가 밖으로 날아가려면 다음 조건을 갖춰야 한다는 점을 먼저 분명하게 해 둔다. 날아가는 속력이 아래로 떨어지는 속력보다 커야 한다는, 누구나 인정할 수 있는 당연한 조건이다.

회전체에 붙은 물체가 원운동으로 날아가려면,
먼저 접선 방향의 속력이 아래로 떨어지는 속력보다 커야 한다.

기하학을 통해 자연의 물리 법칙을 풀어 보여 주려는 증명 과정은 복잡하고 지루한 설명일 수 있다. 하지만 갈릴레오가 기하학을 얼마나 중시했는지 보여 주는 대목이기에 여러 증명 가운데 하나를 보도록 하자. 돌멩이를 줄에 매달고 돌리다 손을 놓으면 돌멩이는 회전 운동 방향과 수직인 방향으로 날아가는데, 〈그림 1〉에서 EG는 날아가려는 물체의 속도를 나타낸다. GH는 지상에서 던진 물체의 속도이며, FG는 아래로 향하는 물체의 속도다. 살비아티는 AB : C = C : AI, 그리고 EF : EG = BI : AI의 비례 관계를 증명함으

로써, 아무리 떨쳐 나가려는 속도, 곧 GH 선분의 길이가 길다 해
도, 언제나 아래로 향하는 힘, 즉 FG의 길이를 능가할 수는 없음을
보여 주고자 한다.

살비아티: 아주 쉽고도 일반적인 증명을 해 보이죠. 여기에 선분 C
가 있고 선분 AB가 있습니다. AB는 C보다 더 길다고 합시다. 그리
고 D를 중심으로 원을 하나 그립니다. 그런 뒤에 그 중심을 가로질
러 원의 지름이 되는 선을 긋습니다. 이 선 EF와 원에 접한 선 GE
의 비가 AB와 C의 비와 같게 합니다. AB, C, AI의 길이가 등비수
열*이 되도록 점 I를 잡습니다($AB : C = C : AI$). 이렇게 하면 AI와
BI의 비와 EF와 EG의 비는 같게 되지요 ($AI : BI = EF : EG$). 이제
G에서 시작하는 접선 GH를 그립
니다. 자, 우리가 증명하려는 바가
바로 이것, 곧 AB와 C의 비는 GH와
EG의 비와 같다($AB : C = GH : EG$)
는 것이지요.

먼저 EG와 EF의 비는 AI와 BI의
비와 같고($EG : EF = AI : BI$), 작도법
에 의해 EG와 FG의 비가 AI와 AB
의 비와 같지요($EG : FG = AI : AB$).

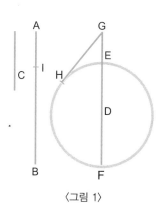

〈그림 1〉

---

*차례로 일정한 수를 곱하여 이루어진 수열. 예를 들어 1, 2, 4, 8, 16, 32 …… 따위가 있다.

그리고 C가 AB와 AI의 비례 중항이 되듯이, GH는 FG와 EG의 비례 중항이 됩니다.[*] 따라서 AB와 C의 비는 GH와 FG의 비와 같고, 결국에 EG와 GH의 비와 같지요. 이게 증명하고자 하는 바입니다.(229~230)

살비아티가 애를 썼지만 세 사람의 대화에서 기하학 증명은 만족스럽게 받아들여지지는 않았다. 사그레도와 심플리치오의 의문은 이어지고, 살비아티는 더 많은 기하학 증명을 제시했다. 이번엔 아래로 향하는 힘이 아무리 작더라도 지상 물체가 하늘로 날아가지는 않음을 기하학으로 증명한다. 어떤 증명에서는 분명한 수학적 오류를 드러내기도 했다. 게다가 지금 우리가 살펴본 기하학 증명 사례에서 살비아티는 접선의 길이가 물체의 속도를 나타낸다고 보고서 접선의 길이를 비교했는데, 과연 기하학의 접선 길이를 물리적인 속도의 크기로 비유할 수 있는지도 충분히 해명되거나 따져지지 않았다. 즉 갈릴레오는 만족할만한 기하학 증명을 하지는 못한 것이다. 그렇더라도 『대화』에서 자주 등장하는 복잡한 기하학의 여러 증명은 자연 세계의 물리적 운동을 기하학으로 파악할 수 있다고 보았던 갈릴레오의 굳건한 믿음을 보여 주는 사례가 될 만하다.

*a : b = b : c의 비례식에서 b를 비례 중항이라 한다.

살비아티는 왜 기하학적 증명에 심혈을 기울였을까?

갈릴레오는 왜 기하학으로 지구 자전설을 증명하는 일을 장황하게 설명했을까? 무엇보다도 사람의 일상 경험으로는 다 파악할 수 없는 자연의 숨은 진리를 수학과 기하학으로 입증할 수 있다는 강한 믿음 때문이었을 것이다. 사람의 오감이 지구 자전을 직접 느낄 수 있을까? 전혀 없다. 갈릴레오가 보기에, 자연의 진리는 일상 경험만으로는 부족하고 이성에 의해 단순 명제로 추상화하고 재구성하고 또 검증해야만 얻을 수 있는 것이다. 지구 자전 가설에 대한 반박을 어떤 일상 경험을 가지고 막을 수 있을까? 거의 없을 것이다. 그렇기에 갈릴레오가 지구 자전설을 설득하는 데 선택한 강력한 방법은 수학적 증명의 길이었을 것이다. 엄정하고도 자명한 학문으로 이미 정평이 난 수학을 통해 증명함으로써 일상 경험과는 다른 이성의 힘을 보여 주고자 했으리라.

그렇지만 당시에는 수학이 자연 만물의 궁극적 원리를 탐구하는 자연 철학에서 어떤 구실을 할 수 있는지에 관해 논란이 일었다. 『대화』에도 수학의 쓰임새와 관련해 서로 다른 태도를 보여 주는 대목이 등장한다. 살비아티와 심플리치오의 서로 다른 태도는 당시 수학에 대한 두 가지 태도를 보여 준다. 먼저 수학을 대하는 심플리치오의 태도를 보자.

심플리치오: 저는 플라톤을 부당하게 평가하지는 않겠습니다. 비록 플라톤이 기하학에 너무나 깊숙이 빠져 있었다는 점에 대해서

는 아리스토텔레스 선생과 같은 의견을 깆고 있지만요.* 어찌 됐
든 살비아티 님, 수학의 예리한 통찰력은 추상적인 것에서는 아주
뛰어나지요. 하지만 우리 주변의 감각적이고 물리적인 문제에 응
용할 때는 효과가 없어요. 예를 들어 수학자들은 '구는 단 한 점에
서 평면과 만난다.'는 명제, 그러니까 지금 우리가 다루는 것과 비
슷한 그런 명제를 이론적으로는 아주 충분하게 증명하지요. 그러
나 실제로 사물은 다르게 나타나지 않습니까?(236)

이렇듯 심플리치오는 수학이 너무 추상적이어서 자연의 물리
세계를 다루는 데에는 효과가 없다고 말한다. 그러면서 수학의 쓰
임새를 자연 철학 분야에서 제외하려 한다. 반면 살비아티는 수학
과 기하학이 실제 자연 세계를 탐구하는 과학의 방법으로 매우 중
요하다고 여긴다. 수학의 방법이야말로 중세 과학을 뛰어넘는 '새
로운 과학'을 열 수 있다고 자부한다. 살비아티는 이에 대해 감격
에 차 이야기한다.

살비아티: 수학적인 속성이 자연스러운 운동에, 그리고 투사체 운
동에도 있습니다. 이 모두 우리 친구**가 발견하고 증명했지요. 저

---

*고대 철학자 플라톤은 수학의 이성을 강조했다. 그에 비해 플라톤의 제자인 아리스토텔레
스는 경험을 강조했다. 이러한 플라톤 철학과 아리스토텔레스 철학의 대립은 서양 지성사에
서 반복해서 나타나게 된다. 아리스토텔레스 철학에 맞서는 갈릴레오가 수학의 이성을 높이
평가하는 것도 비슷한 맥락에서 읽을 수 있다.

도 그것들을 모두 보고 공부한 적이 있습니다. 너무나 기쁘고 놀랍게도, 이전에 수백 권의 책들이 다룬 주제인 운동에 관해 완전히 '새로운 과학'이 생겨나고 있음을 보았습니다. 우리 친구 이전에 어느 누구도 이 새로운 과학이 다루는 경탄할 만한 결론 가운데 단 하나라도 관찰하거나 이해한 적이 없습니다.(258)

갈릴레오가 이렇게 수학과 기하학을 강조하는 데에는 감각의 속임수에 속지 않게 경계하는 뜻도 담겨 있다. 실제로 뒤이어 살비아티는 자연의 참된 지식을 탐구할 때에는 감각과 경험에 속지 말아야 한다는 말을 여러 번 되풀이해서 강조한다. 오감을 통해 얻는 경험을 어찌 믿지 않을 수 있으며, 누구나 겪는 일반의 경험에서 확실한 지식을 얻지 못할 이유가 있느냐는 아리스토텔레스 철학자의 주장을 비판하며 하는 말이다.

이런 비판이 왜 중요한 문제였을까? 먼저 아리스토텔레스 철학에서 경험이라는 말이 지금과는 사뭇 다른 의미로 쓰였다는 점을 이해해야 한다. 아리스토텔레스 철학에서 경험은 오늘날 우리가 흔히 생각하듯이 누가 언제 어디에서 어떻게 겪은 개개의 특별한 경험을 얘기하는 것이 아니다. 오히려 모두가 늘 어디에서나 겪을 만한 상식과 보편의 경험을 뜻한다. 그래서 '내가 본 것'은 확실한 경험이 되지 못한다. 또 '오늘의 경험'도 중요하지 않다. '해

**여기서 '우리 친구'는 새로운 과학을 주창한 갈릴레오를 가리킨다.

가 아침에 동쪽에서 떠서 저녁에 서쪽으로 진다.'와 같이 누구든지 늘 어디서나 겪을 만한 일반의 경험이야말로 확실한 것이며, 그런 경험일 때에 확실한 앎, 곧 지식이 될 수 있다.

하지만 갈릴레오는 이런 상식적 경험을 확실한 지식의 근거로 여기는 것은 자연 과학의 태도가 아니라고 강하게 비판했다. 물론 갈릴레오가 경험과 감각의 중요성을 다 부정한 것은 아니다. 그는 망원경을 써서 두 눈으로 목격한 우주의 모습을 과학 지식의 증거로 삼지 않았던가? 갈릴레오는 지상에서 얻는 감각과 경험의 속임수를 경계하지 않고서 아무런 의심 없이 그것을 지구와 우주의 운동 원리로 받아들이는 맹목적 태도를 경계한다.

> **살비아티**: 저는 훨씬 더 쓸모 있고 확실한 개념을 얻고 싶을 뿐입니다. 첫인상으로 우리가 보고 느끼는 것들을 더 신중하게, 확신을 자제하며 대할 줄 아는 방법을 배우려는 겁니다. 우리는 감각에 너무 쉽게 속아 넘어가니까요. (……) 저는 돌멩이가 수직이 아닌 다른 식으로 떨어지는 것을 본 적도 없고, 다른 식으로 떨어지리라고 생각한 적도 없어요. 다른 모든 사람의 눈에도 똑같이 그렇게 보이리라고 믿어 의심치 않습니다. 이런 겉보기는 우리가 다 인정하는 바이니, 여기에서는 치워 두는 게 좋을 듯합니다. 이제는 그런 겉보기가 실제인지 허위인지 확인하기 위해서 이성의 힘을 쓰는 게 좋을 듯합니다.(297)

인간이 이성과 수학의 힘을 빌릴 때 겉으로 보이는 감각과 경험에 속지 않고서 뚜벅뚜벅 걸어가 진리를 볼 수 있다는 것이 갈릴레오의 신념이다.

셋째
째
날

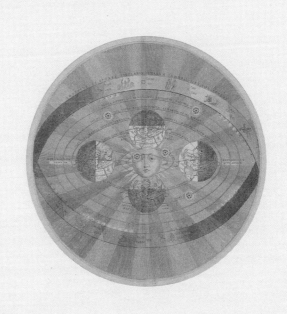

지구가 공전하는
태양계의 그림을 그리다

셋째 날 대화의 주제는 지구의 공전 운동이다. 둘째 날 대화가 지구의 자전설을 따졌다면, 이날 대화는 지구의 중심이 과연 우주의 중심인지, 지구가 태양 둘레를 돌고 있는지, 지구 공전을 입증할 증거가 있는지 따위를 따진다. 그러므로 이야기는 저절로 지구는 물론이고 달과 태양, 행성, 우주로 넓어진다. 전날 대화에서 이미 아리스토텔레스 우주론이 말하는 지구 정지설의 원리에 의심을 품기 시작했으며 지구도 운동할 수 있다는 얘기까지 나왔으니, 좀 더 순탄한 길을 걸을 수 있겠다. 지구 공전에 관한 대화는 먼저 우주의 중심이란 게 도대체 무엇인지 논의하는 데에서 시작한다.

살비아티: 그대나 제가 중심이란 말을 같은 뜻으로 쓰고 있는지 먼저 분명하게 짚고 넘어가야 할 것 같네요. 그대가 말하는 중심이란 게 무엇이고 어디에 있는지 말씀해 주시지요.

심플리치오: 제가 말하는 중심은 우주의 중심, 세상의 중심을 뜻합니다. 또 항성 천구의 중심이요, 천상의 중심이지요.(371)

심플리치오의 이 말은 아리스토텔레스 우주론의 뼈대다. 우주에 중심이 존재한다고 보며, 그 중심은 당연히 지구가 된다. 이 우주론은 우리 우주가 유한한 공 모양의 우주라고 여긴다. 살비아티는 더 중요한 문제를 논의하기 위해서 일단 우주가 유한한 공 모양이라는 가정은 받아들이겠노라는 태도를 보인다.

하지만 그래도 문제는 남는다. 당시에도 여러 관측 증거를 볼 때에 수성, 금성, 화성, 목성, 토성 같은 행성들이 태양 둘레를 돌고 있다는 사실만큼은 점점 확실해 보이기 시작했다. 그러니까 우리 눈에 관측되는 우주와 중세 우주론은 뭔가 서로 맞지 않는다는 의문이 생기고 있었다는 얘기다. 살비아티는 17세기에 새로 밝혀진 관측 자료와 2000년 전에 등장한 아리스토텔레스 우주론이 잘 들어맞지 않아 문제가 생기는 것은 "지구를 우주 회전의 중심에 놓으려는 희망 사항에 매달리기 때문"이라고 꼬집는다. 백보 양보해서 천구가 우주 중심의 둘레를 회전한다는 점을 받아들이더라도, 그 우주 중심이 지구인지 아니면 어떤 다른 중심인지 따져 보자고 제안한다.

한 걸음 더 나아가 수성, 금성, 화성, 목성, 토성 같은 행성들이 태양 둘레를 회전한다는 사실이 17세기 천문 관측을 통해 점점 확실해지고 있으니 "지구가 아니라 태양이 우주의 중심이라고 보는 게 의문의 여지가 없지 않을까?" 하고 슬쩍 묻는다. 그러자 예상대로 심플리치오가 "행성들의 중심이 태양이라는 증거가 도대체 어디에 있느냐?"고 따져 묻는다. 이에 살비아티는 기다렸다는 듯이 우주에서 관측된 행성들의 실제 모습을 차근차근 설명하기 시작한다. 당시 관측 천문학의 대가로 불릴 만한 갈릴레오가 준비해 온 꼼꼼한 관측 결과들이다.

살비아티: 외행성인 화성, 목성, 토성을 보면 알 수 있지요. 세 행성은 태양과 반대쪽에 있을 때엔 언제나 지구에 가장 가깝고, 태양과 같은 쪽에 있을 때엔 언제나 가장 멀리 떨어져 있어요. 이렇게 가장 가까이 왔을 때 화성은 가장 멀리 떨어졌을 때보다 60배나 더 커 보입니다.

내행성인 금성과 수성도 태양 둘레를 도는 게 확실합니다. 지구에서 볼 때 두 행성이 태양에서 얼마 이상은 떨어져 나타나는 일이 없고, 어떤 때엔 태양 뒤편으로 숨었다가 어떤 때엔 바로 옆에서 나타나기도 하니까요. 금성의 모양이 바뀌는 건 이런 사실을 분명하게 보여 주는 증거가 되지요.(374)

지상에서 볼 때에 행성의 크기와 모양이 달라진다는 사실은 프톨레마이오스 천문학으로 설명하기 어려운 수수께끼였다. 행성들이 지구를 중심으로 삼아 그 둘레를 도는 원운동을 한다면 언제나 지구와 똑같은 거리를 유지해야 하고, 그래서 크기도 언제나 한결같아야 하지 않는가? 이렇듯 당시 새롭게 드러난 행성들의 관측 자료는 중세 천문학에 대한 중요한 도전이 됐다.

심플리치오, 직접 태양계를 그리다

이제 『대화』는 절정을 향해 달려간다. 말로만 하던 태양계의 구조를 그림으로 그려 독자들에게 속 시원하게 보여 주려는 대목이 등장한다. 먼저 이 장면을 보기 전에, 여기 태양계 그림에 그려지는 태양과 행성, 달, 지구의 상징 기호를 배워야 한다.

고대부터 전해져 내려오는 우주 천체들의 기호는 그리스와 라틴 문화권에서 천문학자들이 애용했는데, 요즘 천문학자들도 더러 쓰고 있다. 태양의 기호는 방패의 모양으로 가운데의 점은 신을 상징한다고 한다. 수성은 신이 거느리는 신하, 금성은 사랑과 아름다움의 여신 비너스의 거울을 뜻한다. 화성은 전쟁의 신을 상징한다. 목성은 주피터 신의 새인 독수리를 상징하는데, 주피터의 첫 번째 글자를 딴 것으로 해석되기도 한다. 토성은 시간의 신을 상징한다. 각각 창과 거울 모양인 화성과 금성의 상징은 현대에서는 남자와 여자의 상징으로 더 자주 쓰인다. 남녀는 서로 도무지 이해하기 힘든 이성이라는 뜻으로 '화성 남자, 금성 여자'라는 말도 자주쓰는데, 이 상징 기호에서 비롯된 표현이다. 지구의 기호는 영혼을 상징하는 원이 동서남북 또는 4원소(흙, 물, 공기, 불)를 감싸고 있는 모양이다.

이제 태양계의 그림을 그려 보자. 그림 그리기는 처음에 심플리치오가 제안했다. 그가 "그림을 그려 설명하시면 태양계 천체들의 자리를 잘 이해할 수 있고 얘기하기도 쉬워질 것 같다."고 말하자, 살비아티가 흔쾌히 동의했다. 그림은 두 사람이 상의하면서 심

태양	수성	금성	지구
화성	목성	토성	달

〈그림 2〉 천체 기호

플리치오의 손으로 하나씩 그려 나가기로 했다. 『대화』에서 깨우침의 대상인 중세 학자 심플리치오가 직접 그림을 그리며 <u>스스로</u> 깨달아 간다는 설정은 흥미롭다.

이것은 독자들에게도 마찬가지다. 태양계의 그림이 완성되는 과정을 지켜볼 수 있는 이 대목은 독자들에게 말보다 강한 그림의 시각 효과와 더불어 깊은 인상을 남길 만하다. 또한 그림을 그리는 사람의 시선이 지상에서 하늘을 올려다보는 게 아니라, 우주 저 높은 곳에서 지구는 물론이고 태양계 전체를 내려다보는 관찰자의 시선이 된다는 점도 흥미롭다. 인간 중심주의에서 벗어나 우주를 바라보는 객관적 시선, 관찰자 시선이 돋보인다.

살비아티: 태양계의 그림을 그려 봅시다. 그런데 심플리치오 님께

서 훨씬 더 큰 만족과 놀라움을 만끽하시려면 그림은 그대 손으로 직접 그렸으면 합니다. 태양계를 도무지 이해할 수 없다고 생각하시겠지만, 그림만큼은 아주 완벽하게 그리실 수 있어요. 그저 제 물음에 답하며 그려 보세요. 그러면 그림도 정확해질 겁니다. 종이 한 장과 컴퍼스를 집으세요. 이 백지를 광대한 우주 공간이라고 생각합시다. 이 안에다 이성이 인도하는 길을 따라 우주를 이루는 부분들을 여기저기 그려 넣으면 됩니다. 그러면 맨 먼저, 제가 말씀 드리지 않더라도 지구가 이 우주 안에 있다고 확신하시니까, 어디 적당한 데에다 지구를 표시하시죠.

심플리치오: 여기를 지구의 자리로 삼지요. A라고 표시하겠습니다.(375)

지구의 자리는 고민할 것도 없이 쉽게 그려졌다(〈그림6〉 참조). 두 번째는 태양의 자리다.

살비아티: 두 번째로, 지구가 태양이라는 천체 안에 있지 않으며 태양에 잇닿아 있지도 않고 일정한 공간을 사이에 두고서 떨어져 있음을 잘 알고 계시니까, 태양은 다른 곳을 정해 그리세요. 대충 지구와 떨어뜨려 그리시고, 따로 표시하시면 됩니다.

심플리치오: 여기에 그렸습니다. O라고 표시하지요.(375)

지구에서 떨어진 자리에 태양이 그려졌다. 이제 슬슬 복잡한 문제가 시작된다. 그러나 지금 그림은 오로지 지상에서 관측한 밤하늘 천체의 모습을 단서로 삼아 퍼즐을 맞춰 나가듯이 추리하면서 그리고 있는 중이니까, 더 이상 철학의 원리나 이론은 생각하지 않는 게 좋겠다.

살비아티: 지구와 태양을 그렸으니 이제는 금성을 그려 봅시다. 금성을 어디에다 그려야 금성의 자리와 운동이 우리가 하늘에서 보는 관측 경험에 어긋나지 않을지 생각해 보세요. 예전에 들은 얘기나 그대가 직접 관측해 얻은 금성에 관한 지식을 잘 떠올려 보세요. 그런 뒤에 적당하다고 생각되는 데에다 금성을 그리세요.

심플리치오: 금성에 관해 살비아티 님이 해 주신 말씀이나 제가 읽은 아리스토텔레스 학자의 논문이 올바르다고 가정하겠습니다. 지구에서 보면 이 별*이 태양에서 가장 멀리 떨어져 있을 때에도 태양과 금성의 각도가 대략 40도 이상으로 벌어지지는 않는다는 말씀 말입니다. 금성이 태양의 반대쪽에 놓이는 일도 없을 뿐 아니라 태양과 금성이 직각을 이루는 일도 없습니다. 또한 어떤 때엔 금성이 다른 때보다 자그마치 40배나 크게 관측된다는 견해를 받아들이겠습니다. 역행을 하던 금성이 저녁에 태양과 합을 이룰 때에는 유난히 크게 보이지만 아침에 태양과 합을 이룰 때에는 아주

*금성은 스스로 빛을 내는 별(항성)이 아니라 별빛을 받아 반사하는 행성이지만, 당시에는 별과 행성의 구분이 분명하지 않았다.

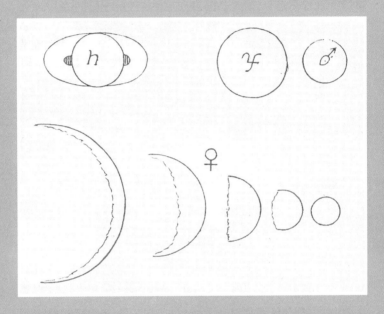

갈릴레오가 그린 행성 그림

위에는 토성, 목성, 화성을, 아래에는 금성의 위상 변화를 그렸다.
지구에서 금성이 가장 가까워졌을 때와
가장 멀리 떨어졌을 때 보이는 크기 변화도 알 수 있게 그렸다.

작게 보인다고 말입니다. 아주 크게 보일 때엔 뿔 모양으로 나타나지만, 아주 작게 보일 때에는 완전한 원으로 나타나지요.

　이런 겉보기 관측이 옳다면, 금성이 태양 둘레를 원운동한다고 말하지 않을 도리가 없겠고, 그 원운동의 안쪽에 지구가 놓여 있다고 보기도 힘들겠지요. 또한 언제나 태양 아래(태양과 지구 사이)에 있다고 볼 수도 없고 언제나 태양 너머에 있다고 말할 수도 없어요. 금성이 태양을 마주 보는 자리에 놓일 때도 있다는 사실로 미뤄 볼 때, 지구가 금성의 원운동 안쪽에 놓여 있다고 말할 수는 없겠지요. 금성이 언제나 태양과 지구 사이에 있다면 태양과 합을 이룰 때엔 당연히 낫 모양을 하고 나타나야 하는데 그렇지도 않지요. 또 금성이 언제나 태양 너머에 있다면 당연히 둥글게 보여야지 뿔처럼 보이지는 않을 겁니다. 따라서 저는 지구를 안쪽에 품지 않으면서 태양 둘레를 회전하는 원 CH를 금성의 자리로 그리겠습니다.(375~377)

　심플리치오의 변신인가? 고리타분한 아리스토텔레스 학자의 면모를 지닌 그가 새롭게 드러난 금성의 관측 자료를 바탕으로 금성이 지구 안쪽에서 태양 둘레를 원운동한다는 추론을 이끌어 내 간결하게 정리한다. 그 내용을 다시 보면 이렇다. 〈그림 3〉에 나타나듯이, 금성은 지구 안쪽에 놓인 내행성이기 때문에 지구에서 관측할 때 태양에서 멀어지는 금성의 각도는 아무리 크다 해도 ③이나 ④를 넘지 못한다. 또 지구에서 가장 먼 ② 부근의 자리에서는

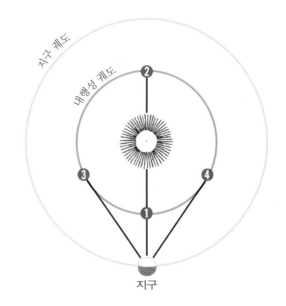

〈그림 3〉 지구와 내행성의 공전 궤도

〈그림 4〉 지구에서 본 내행성의 모습 변화

둥글게 빛나지만 가장 가까운 ① 부근의 자리에서는 뿔이나 낫 모양으로 나타난다(〈그림 4〉). 이런 기하학적 사실과 실제 관측 경험에 바탕을 두어 거꾸로 추론해 보니 금성은 지구 안쪽에서 태양 둘레를 도는 내행성인 게 분명하다는 것이다. 이제 같은 내행성인 수성의 자리를 찾을 차례다. 비슷한 방식으로 자리를 찾을 수 있다.

> **심플리치오**: 수성은 금성의 운동과 비슷하니까 가장 알맞은 수성의 자리는 금성보다 더 작은 원이 되리라는 것은 의문의 여지가 없습니다. 금성의 원 안쪽에 놓이고 태양 둘레를 돌겠지요. 수성이 태양에 더 가깝다고 보는 이유는 수성의 빛이 금성과 다른 모든 행성의 빛보다 훨씬 더 강렬하기 때문이지요. 그러므로 수성의 원을 여기에다 그리고 그걸 BG로 표시합시다.(377)

태양과 지구 사이에서 태양 둘레를 도는 내행성인 수성과 금성이 그려졌다. 태양에서 지구보다 더 멀리 떨어진 외행성인 화성, 목성, 토성의 자리를 찾는 일이 남았다. 〈그림 5〉을 참고하면서 이젠 손발이 척척 들어맞는 사이가 된 둘의 대화를 들어 보자.

> **살비아티**: 화성은 어디에 놓아야 할까요?
> **심플리치오**: 화성은 태양의 반대편(⑤의 자리)에도 나타나니까, 지구는 화성의 원운동 안쪽에 있는 게 분명합니다. 물론 그 안쪽에는 태양도 있어야죠. 왜냐하면 화성이 태양 아래쪽을 지난다면 태

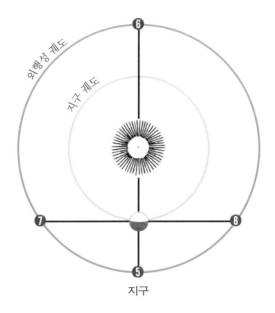

외행성 궤도

지구 궤도

지구

〈그림 5〉 지구와 외행성의 공전 궤도

양과 합을 이룰 때 금성이나 달처럼 뿔 모양으로 나타나야 하는데,
화성이 태양과 합을 이룰 때엔 언제나 둥근 모양으로만 나타나니
까요. 그러니 화성의 원은 지구뿐 아니라 태양도 포함하고 있는 게
분명합니다. 또 화성이 태양의 반대편에 있을 때가 태양과 함께 나
타날 때((⑥의 자리)보다 60배나 더 크게 보인다고 하신 살비아티
님의 말씀도 기억나는군요. 그런 현상은 화성이 지구를 껴안고 태
양 둘레를 도는 원운동을 한다고 보아야만 잘 설명될 것 같습니다.
그래서 화성의 자리를 여기에다 그리고 DI로 표시하겠습니다. 화
성이 D의 지점에 있을 때에 지구와 아주 가깝게 되며 태양의 반대

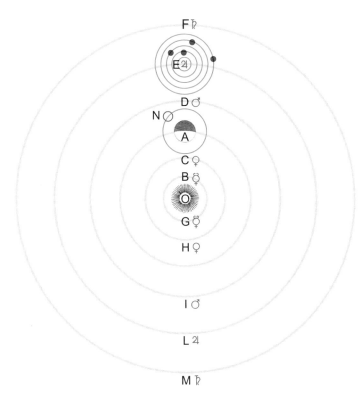

〈그림 6〉
심플리치오가 살비아티와 문답을 주고받으며 완성한 태양계

편에 놓입니다. I에 있을 때에는 태양과 겹쳐 나타나며 지구와는

아주 멀리 떨어지게 됩니다.

그리고 같은 현상이 목성과 토성에서도 마찬가지로 나타나니

까 목성과 토성 두 행성의 원도 깔끔하게 그릴 수 있겠네요. 역시

태양 둘레를 돌겠지요. 첫 번째 원 EL은 목성이고, 더 바깥쪽에 있는 다른 원 FM은 토성입니다.

살비아티: 지금까지 아주 잘 그리셨습니다. 심플리치오 님도 아시듯이 세 외행성이 지구에 가까워졌을 때와 멀어질 때의 차이는 지구와 태양 사이 거리의 두 배나 됩니다. 화성의 모양이 목성보다 더 크게 변하는 건 화성의 원 DI가 목성의 원 EL보다 작기 때문이지요. 마찬가지로 목성의 원 EL이 토성의 원 FM보다 더 작기에, 토성보다는 목성의 변화가 더 크지요. 이런 배치는 지구에서 보는 관측 자료와도 정확히 일치합니다. 이제 달의 자리가 남았군요.(377~378)

달은 어디에 그려야 하나? 마찬가지 추론 방법을 쓰면 된다. 지구에서 볼 때 달이 태양과 겹치거나 반대편에 놓이기도 하니까 달은 지구를 안쪽에 두고 회전한다는 사실을 알 수 있다. 하지만 달이 태양 둘레를 돈다면 태양과 함께 나타날 때에 초승달 모양이 아니라 둥근 모양이 돼야 하는데 실제로는 그렇지 않다. 그러니 달이 태양 둘레를 돌고 있다고는 생각할 수 없다. 또한 달이 외행성처럼 지구를 끼고 태양 둘레를 돈다면 달이 태양과 지구 사이에서 일식 현상을 일으키는 일은 나타날 수 없다. 따라서 달은 목성 둘레를 도는 위성처럼 지구를 도는 위성의 자리에 그려야 한다.

마지막으로 붙박이별들의 자리만 남았다. 아리스토텔레스 우주론에서 붙박이별들은 가장 바깥쪽의 항성 천구에 달라붙어서 하루에 한 번씩 천구와 함께 회전한다. 물론 지구는 우주 중심으로 정지 상태에 있다고 여겨졌다. 지금까지는 태양, 행성, 달의 자리를 찾는 일에서 두 사람이 큰 이견 없이 비교적 쉽게 자리를 찾아냈다. 하지만 붙박이별들의 자리와 운동을 정하는 일은 지구가 정지해 있느냐 운동을 하느냐를 가르는 중대한 갈림길이다. 그래서일까? 일단 적절한 타협이 이뤄진다.

살비아티: 심플리치오 님, 붙박이별들은 어디에다 그려야 할까요? 저 광대한 우주 깊은 곳에다. 멀리나 가까이 이리저리 흩뿌리겠습니까? 아니면 어떤 중심에서 똑같은 거리에 있는 천구의 표면에다 별들을 다 그리겠습니까?

심플리치오: 중간을 택하겠어요. 중심 둘레를 회전하는 어떤 궤도에다 붙박이별들을 그리겠습니다만, 그 궤도는 두 개의 천구 사이에, 그러니까 가까이 있는 천구 바깥쪽과 멀리 있는 천구 안쪽 사이에 있다고 보겠습니다. 두 천구 사이에 무수한 별들의 무리가 여기저기 흩어져 있다는 식으로요. 그런 천구는 '우주의 천구'라 부를 수도 있겠네요. 우리가 이미 그린 행성 천구들은 우주의 천구 안쪽에 놓이게 되고요.

살비아티: 좋습니다, 심플리치오 님. 지금까지 그린 천체들의 자리가 코페르니쿠스 천문학에도 어울리는 배치가 됐네요. 그대가 손수 하신 일입니다. 더욱이 그대는 태양, 지구, 그리고 항성 천구만 빼고는 모든 행성에 제대로 된 운동을 부여하셨지요. (……) 이

것들이 모두 운동한다는 점에서는 그대와 코페르니쿠스의 견해가 같습니다. 이제 태양, 지구, 항성 천구 사이에 세 가지 문제를 푸는 일만 남았습니다. 첫째, 정지 상태. 이것은 겉으로 볼 때에는 지구에 속한 것처럼 보입니다. 둘째, 황도대를 따라 나타나는 연주 운동. 이것은 겉보기에 태양의 운동처럼 보이죠. 그리고 일주 운동. 이것은 겉보기에 항성 천구의 운동처럼 보이고, 또한 지구 빼고 나머지 모든 우주가 다 행하는 운동처럼 보입니다. 하지만 모든 행성이 태양을 중심으로 삼아 그 둘레를 회전하는 것은 진실이 아닐까요? 정지 상태는 지구보다는 태양의 속성으로 보는 게 가장 합리적일 것 같습니다.(378~379)

이제 살비아티는 지구가 자전도 하고 공전도 한다는 주장을 태양계의 전체 그림에서 다시 한 번 정리한다. 그는 복잡한 중세 천문학의 이론을 버리고도 얼마나 단순하고도 간편하게, 그리하여 우아하게 태양계와 천체들의 운행을 설명할 수 있는지를 도드라지게 강조했다. 단순함, 간편함, 우아함은 코페르니쿠스 천문학이 내세우는 '과학의 미학'이었다.

살비아티: 다음은 지구네요. 우리 그림에서 지구는 운동하는 천체들 사이에 놓여 있습니다. 제 말은 지구가 금성과 화성 사이에 있다는 말인데요. 금성은 아홉 달에 한 바퀴 돌고 화성은 2년에 한 바퀴 돌죠. 그러니 금성과 화성 사이에 있는 지구가 정지해 있다고

보기보다는 1년에 한 바퀴 도는 운동을 한다고 보는 게 훨씬 우아하고 정연한 일이 되리라 생각합니다. 정지 상태는 태양에 넘겨 버리고요. 그리고 만일 그렇게 한다면, 지구는 일주 운동도 한다고 볼 수밖에 없지요. 왜냐하면 태양이 정지 상태에 있고 지구가 자전은 하지 않으면서 태양 둘레를 도는 운동만 한다면, 1년은 한 번의 낮과 한 번의 밤만 나타날 테니까요. 다시 말해 여섯 달 동안 낮이 되고, 여섯 달 동안 밤이 됩니다.

　　지구의 자전과 공전을 생각하면서 다시 보세요. 그러면 이 우주에서 24시간마다 한 번씩 일어난다는 저 황급한 운동들이 얼마나 깔끔하게 이해될 수 있는지, 그리고 붙박이별들이 태양과 마찬가지로 영속적 정지 상태를 어떻게 누리는지 아시게 될 겁니다. 별들도 곧 무수한 태양이지요. 또 이 천체들에 나타나는 수많은 주요 현상의 이치를 얼마나 단순명쾌하게 설명해 주는지 잘 보세요.(379~380)

　　살비아티의 말에서는 우주를 새롭게 바라보는 시선도 얼핏 드러난다. 지나가듯 내뱉은 "별들도 곧 무수한 태양"이라는 말은, 태양과 별을 같은 천체로 보았으며 태양도 저 광대한 우주에서 수많은 별 중 하나일 뿐이라는 갈릴레오의 생각을 내비친 것으로도 풀이할 수 있겠다. 태양계가 우주의 극히 일부라는 사실은 먼 훗날의 천문학에서 등장하는데, 갈릴레오가 이미 그 같은 생각을 품고서 이런 표현을 쓴 것이라면 그의 혜안은 정말 놀라운 것이라 하겠다.

이렇게 보면 아리스토텔레스와 프톨레마이오스의 중세 우주론은 '공 모양을 한 유한한 우주'를 생각하는데, 갈릴레오의 우주론은 공 모양을 걷어 내어 끝을 알기 힘든 우주 공간에 별들이 흩뿌려져 있는 우주의 모습에 가까워 보인다. 살비아티의 목소리에서는 우주의 위대한 진리를 발견한 사람에게서나 나타날 법한 그런 떨림이 점점 더 묻어난다.

코페르니쿠스 천문학의 약점을 보완한 갈릴레오 망원경

지구 자전을 논한 둘째 날 대화에서 지구 자전설을 증명하는 수단으로 기하학과 논리학이 자주 등장했다면, 지구 공전에 관한 셋째 날 대화에서는 천문 관측을 통해 얻어진 공전의 증거들이 제시된다. 망원경 관측이 천문학에서 왜 중요한지 보여 주는 대목이다.

오랫동안 인내심을 가지고 모은 망원경 관측 자료들은 때로는 새로운 천문학 이론을 만들기도 하고, 때로는 천문학 이론이 맞는지 틀리는지 확인하는 데 쓰이기도 한다. 코페르니쿠스 천문학 이론도 그러했다. 망원경 덕분에 더 멀리 더 정확히 보게 되면서 코페르니쿠스 천문학이 맞는지 틀리는지 확인할 수 있게 되었다.

코페르니쿠스 천문학의 약점 가운데 하나는 행성들의 크기 변화를 제대로 설명하지 못했다는 것이다. 예컨대 지구와 다른 공전 궤도를 도는 화성은 지구에 가까울 때에는 가장 멀리 있을 때보다 60배나 더 크게 보여야 한다. 그런데 맨눈으로 보면 사시사철 화성의 크기는 4~5배 정도만 달라질 뿐이다. 또 코페르니쿠스가 옳다면 금성이 지구에서 가장 가까울 때에는 태양의 뒤편에 들기 직전보다 40배나 크게 보여야 한다. 하지만 금성의 크기도 맨눈으로 볼 때에는 별 차이가 없었다.

그것은 맨눈의 착각이었다. 살비아티는 멀리서 빛나는 물체는 실제보다 크게 보인다는 점을 들어 인간의 시각이 완전하지 못한 감각이라고 말한다. 우리 눈으로는 멀리 있는 물체가 밝게 빛나면 그 물체를 있는 그대로 볼 수 없다. 사람의 시각은 광채에 섞인 실물을 제대로 보지 못하는 불완전한 도구인 것이다. 그에 반해 "신이 허락한 지혜로 만들어진 망원경"은 그런 시각의 한계를 뛰어넘어 '참'에 다가서게 도와주는 과학 도구라고 말한다.

살비아티: 오늘 밤, 캄캄할 때 목성을 한번 보세요. 아주 빛나고 크게 보이지요. 그런 다음에 대롱으로, 아니면 주먹을 쥐고 눈에 갖다 대고는 손바닥과 손가락들 사이에 생기는 작은 틈새로, 그게 아니면 종이판에 아주 작은 바늘로 찔러 만든 구멍으로 밤하늘을 보세요. 그러면 목성의 원반에서 빛이 사라지고 목성은 아주 작게 보일 겁니다. 우리 눈에 큰 횃불처럼 보이던 것에 견주면 60분의 1보다 더 작게 보인다고 생각하겠지요. 이젠 시리우스를 보세요. 무척 아름다운 별이고 여느 붙박이별보다 크지요. 맨눈으로는 시리우스가 목성만 하게 보입니다. 하지만 방금 말씀드린 대로 광채를 없애면 아주 작게 보여 누구라도 목성 크기의 20분의 1밖에 되지 않는다고 생각할 겁니다. 사실, 완벽한 시각을 지니지 못한 인간이

맨눈으로는 그런 사실을 알기 힘들겠지요. 이렇게 볼 때, 우리 맨눈에 시리우스가 목성만큼이나 커 보이는 건 목성보다 훨씬 더 강한 빛을 내기 때문이라고 말하는 게 이치에 맞을 겁니다.(392)

맨눈이 아니라 망원경으로 본 행성들의 크기 변화는 코페르니쿠스 천문학이 예상한 바와 거의 같았다. 망원경으로 보면 행성 둘레에 나타나는 광채의 퍼짐 현상은 사라지고 실물을 더 잘 볼 수 있기 때문이었다. 살비아티는 이런 장점을 지닌 망원경으로 실제 관측해 보니 화성이 "공전 궤도에서 위치가 바뀔 때마다 달라지는 크기의 비율이 코페르니쿠스 이론과 꼭 맞아떨어진다."는 사실이 드러났다고 말한다. 금성도 마찬가지였다. 자기 주장을 뒷받침할 증거가 없어 오랫동안 핍박과 공격을 받아 온 코페르니쿠스 천문학이 그 설움을 푸는 순간이다.

사그레도: 오, 니콜라우스 코페르니쿠스여! 당신이 주창한 우주 체계의 일부가 망원경 관찰로 이토록 명쾌하게 확인됐음을 생전에 보셨다면 얼마나 좋았겠소!

살비아티: 그래요. 그렇지만 이 숭고한 지성인은 배웠다 하는 사람들 사이에서 얼마나 인색한 평가를 받았습니까? 전에 말씀드렸다시피, 그분은 이성을 길잡이 삼아 진리를 결연하게 밝히는 일을 계속하셨지요. 그것이 감각 경험과 어긋나 보이더라도 말입니다. 망원경도 없었던 그분이 금성은 태양 둘레를 돌며 지구와 여섯 배

갈릴레오가 만든 망원경

망원경은 맨눈으로 보는 것보다 더 멀리 우주의 모습을 볼 수 있게 해 준다.
망원경 덕분에 코페르니쿠스의 태양 중심 세계관을
확실한 것으로 만들 수 있었다.

정도 가까워졌다 멀어졌다 한다고 줄기차게 주장한 걸 보면 저는 놀라움을 금할 수가 없어요. 우리 눈에 금성 크기는 늘 별 차이가 없어 보이는데도 그런 이론을 펼치셨으니.(394)

이런 면에서 보면, 코페르니쿠스를 지켜 낸 것은 바로 갈릴레오의 망원경이었다고 해도 지나친 말이 아닐 것이다.

태양 흑점 관찰로 태양의 자전 운동을 밝혀내다

갈릴레오가 망원경으로 발견한 태양 흑점 현상도 『대화』에서 코페르니쿠스 천문학을 지지하는 증거로 제시된다. 태양 흑점 현상은 왜 태양 중심설의 증거가 될 수 있었을까?

> **살비아티**: 태양 흑점을 처음 발견하고 관찰한 분은 우리가 잘 아는 린체이 학회 회원이시죠. 물론 그분은 여러 다른 진기한 천문 현상도 발견하셨지만 말입니다. (……) 그분은 "흑점은 짧은 시간에 생겼다가 흩어지는 어떤 물질의 현상"이라고 주장했어요. 흑점들은 태양에 바싹 붙어 태양 둘레를 돈다고 말했지요. 아니, 태양 표면에서 한 달에 한 바퀴 정도로 자전하는 태양과 함께 돈다고 말이지요.(401)

『대화』에서 소개된 린체이 학회 회원인 '그분'이 누구인지 직접 이름이 나오지는 않지만 태양 흑점을 연구했던 갈릴레오 자신을 얘기하는 게 분명하다. 여기에서 살비아티가 태양 흑점 현상을 지구 공전의 증거로 설명하는 과정은 두 단계로 나뉘어 있다. 첫째 태양 흑점에는 프톨레마이오스 천문학으로는 이해할 수 없는 수수께끼 같은 현상들이 나타나며, 둘째 이런 수수께끼는 지구가 공전한다는 코페르니쿠스 천문학으로 보면 쉽게 이해된다는 것이다. 이런 수수께끼 현상은 갈릴레오가 발견한 것이다. 실제로 갈릴레오는 흑점이 움직이는 길을 날짜별로 아주 정확히 기록했는데, 그때 프톨레마이오스 천문학으로는 풀 수 없는 다음과 같은 수수께끼를 마주치게 됐다.

> **살비아티**: 처음에 그분은 태양이 황도면*과 수직을 이루는 축으로 자전한다고 생각했어요. 얼핏 보면 우리 눈에 태양 흑점들이 황도면과 수평을 이루는 직선을 따라 움직이는 것처럼 보이니까요. 하지만 실제로 흑점들은 이리저리 불규칙하게 움직이면서 자리를 옮겨 다녔지요. 이런 식으로 질서 없이 혼란스럽게 자리를 옮겨 다니면서 몇몇은 한데 모였다가 흩어지고, 몇몇은 여러 개로 쪼개지고 무척 기이한 모양으로 변하기도 했거든요.(401)

---

*황도는 '지구에서 볼 때 사시사철 태양이 지나는 길'을 말한다. 태양은 동쪽에서 떠서 서쪽으로 지는데, 늘 비스듬한 각도를 이루며 운동하지만 계절에 따라 그 위치가 바뀐다. 하지인 6월 21일에 가장 높게 떠 하루해가 가장 길며, 동지인 12월 21일에 가장 낮게 떠 하루해가 가장 짧다. 하지에 태양이 지나는 길과 동지에 태양이 지나는 길 사이가 바로 '황도대'이며, 그 황도대의 면이 '황도면'이다.

갈릴레오가 망원경으로 자세히 관찰한(물론 태양을 볼 때엔 망원경에 짙은 필터를 달아야 한다) 태양 흑점의 운동은 황도면과 수직이 아닌 비스듬한 각도를 이뤄 일어나고 있었다. 살비아티가 그려 보여 주는 그림(《그림 7》)을 보자. 지구에서 보는 태양을 그린 것인데, BD는 황도면과 수평을 이루는 선분이며 AC는 황도면과 수직을 이루는 선분이다. 만일 태양이 AC를 축으로 삼아 자전한다면, 흑점은 당연히 선분 BD 위에서 움직이는 것으로 관측될 것이다. 하지만 실제로 흑점은 F에서 G 쪽으로 비스듬하게 이동했다가 뒷면으로 돌아 G에서 다시 F 쪽으로 이동한다. 게다가 흑점은 비스듬하게 이동할 뿐만 아니라 "활 모양으로 휘는 궤적"을 그리며 운동하는 것처럼 보이기도 한다. 이게 바로 살비아티와 갈릴레오가 품은 수수께끼다.

이제 코페르니쿠스 천문학으로 수수께끼를 푸는 순서다. 살비아티는 지구에서 볼 때 태양 흑점이 이처럼 독특한 방향으로 이동하는 것은, 먼저 태양의 자전축이 AC가 아니라 태양 흑점의 이동 방향과 수직을 이루는 EI이기 때문이라는 결론을 제시한다. 태양이 비스듬히 자전하니까 흑점도 비스듬하게 이동한다는 것이다.

활처럼 휘는 궤적은 또 어떻게 설명할 수 있을까? 살비아티는 다른 그림(《그림 8》)을 제시한다. 자전축이 지구 쪽으로도 약간 기울어 있는 모습을 그린 것이다. 결국 살비아티는 태양의 자전축이 좌우와 앞뒤로 기울어져 있기 때문에, 태양 흑점이 〈그림 8〉에서 나타나듯이 활 모양으로 휜 FG의 경로를 따라 이동하다가 태양

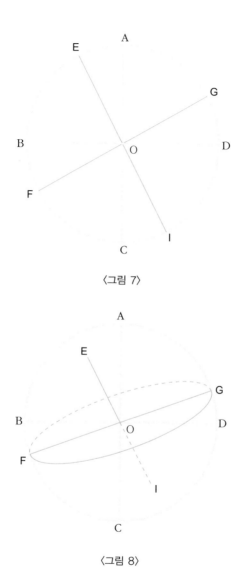

〈그림 7〉

〈그림 8〉

반대편을 돌아 다시 F 쪽에 나타난다는 것이다. 이처럼 태양 흑점의 독특한 운동을 세밀히 관찰하고 여러 가능성을 기하학적으로 추론해 냄으로써, 갈릴레오는 태양의 자전 운동을 멋지게 밝혀낼 수 있었다.

이제 살비아티는 태양 흑점에서 더 많이 관찰되는 갖가지 불규칙한 변화가, 지구가 태양 둘레를 공전한다고 볼 때에 쉽게 이해될 수 있다고 주장한다.

> **살비아티**: 이런 태양 흑점 현상은 기이한 것으로 여겨집니다. 그렇지만 만일 지구가 공전 운동을 하고, 태양이 황도면에 수직이 아니라 비스듬히 기운 상태로 자전한다는 게 사실이라면, 이런 현상이 때때로 나타날 수 있는 것이 이해됩니다. (……) 한 해의 다른 시기에 나타나는 갖가지 흑점의 경로를 매우 정밀하게 기록하며 아주 세심하게 관찰했지요. 그리하여 마침내 관측 결과가 이런 예측과 정확히 맞아떨어진다는 사실을 확인하게 되었습니다.(408~409)

갈릴레오는 태양 흑점이 여러 기이한 길로 이동하는 것은 태양이 비스듬히 기운 채 자전하기 때문이라는 가설을 세웠다. 그리고 그런 가설이 올바르다는 것을 오랜 기간 관측하여 확인했다. 이것은 '가설'과 '검증'이라는 현대 과학에서도 중요한 과학 활동의 과정을 잘 보여 준다. 이 책의 다음 장에서도 갈릴레오는 별들이 저 머나먼 천구에 달라붙어 있는 게 아니라 우주 공간에 흩어져 있음을 증명하기 위한 '결정적 관측 실험'을 제안하는데, 이것도 마찬가지로 가설과 검증이라는 과학 활동의 본모습을 보여 준다.

자세히 들여다보기

태양의 자전

태양은 대략 한 달에 한 번 시계 반대 방향으로 자전한다. 그러나 태양은 고체가 아니라 기체로 이뤄진 천체이기 때문에 위도에 따라 다른 속도로 회전한다. 적도 부근의 기체가 한 번 도는 데 대략 25일 걸리며, 고위도 부분이 한 번 도는 데 28일 넘게 걸린다. 곧, 태양은 언제나 비꼬이면서 돌고 있다. 자전축은 지구의 공전 궤도 상에서 볼 때 약간 기울어져 있다.

"프톨레마이오스는 병들고, 약은 코페르니쿠스 손에"

갈릴레오가 코페르니쿠스 천문학의 참됨을 주장할 때 내세우는 근거 중 하나는 그것이 복잡하지 않고 단순명쾌하다는 사실이었다. 무엇보다 전통 천문학자들이 골치 아파했던 행성의 역행 현상을 아주 명쾌하게 설명해 낼 수 있다는 점을 코페르니쿠스의 강점으로 내세웠다. 지상에서 볼 때 한 해 동안 행성의 자리는 대체로 동쪽에서 서쪽으로 나아간다. 그런데 어느 시기에는 멈춰 서다가 뒷걸음질을 하는 것처럼 보인다. 이를 '행성의 역행'이라 한다.

당시에 프톨레마이오스 천문학은 행성의 역행처럼 지구 중심설로는 이해하기 힘든 현상들을 설명하기 위해서 갖가지 복잡한 원운동 계산법을 만들어 제시하고 있었다. 옷이 해질 때마다 임시 처방으로 옷감들을 대어 누비듯이, 천문 현상을 새로 설명해야 할 때마다 새로운 계산법을 끌어들였다. 이 때문에 갈릴레오는 누더기가 된 프톨레마이오스 천문학을 일러 "키메라 같은 괴물"이라고 비판했다.

행성의 역행에 대해 두 천문학은 어떤 설명을 내놓았을까? 프톨레마이오스 천문학자들은 행성들이 지구 둘레를 도는 큰 원운동을 하면서 동시에 또 다른 작은 원운동을 하기 때문에 역행 현상이 나타난다는 궁색한 설명을 했다(〈그림 9〉). 반면에 코페르니쿠스 천문학은 지구 행성과 다른 행성들이 태양 둘레를 서로 다른 궤도로 공전하기 때문에 지구에서 볼 때 다른 행성들이 역행하는 것처럼 보일 때가 생긴다고 설명했다(〈그림 10〉). 어떤 설명이 우주의 이치에 걸맞게 더 깔끔한가?

살비아티: 프톨레마이오스는 병들었고, 병 고칠 약은 코페르니쿠스에게 있어요. 무엇보다, 원을 그리며 자연스러운 운동을 한다는 어떤 천체가 자신이 속한 중심의 둘레를 불규칙하게 회전하면서도 다른 어떤 점의 둘레는 규칙적으로 회전한다고 본다면 아주 잘못된 거라고 모든 학파의 학자들이 생각하지 않겠습니까? 프톨레마

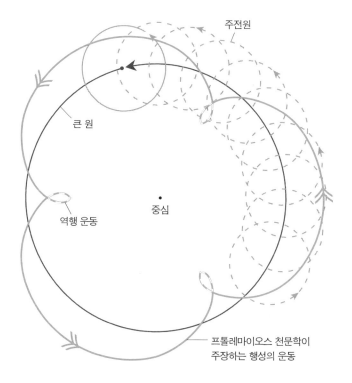

주전원

큰 원

역행 운동

중심

프톨레마이오스 천문학이
주장하는 행성의 운동

〈그림 9〉 프톨레마이오스 천문학에서 설명하는 행성의 역행

이오스의 우주 구조는 그런 불균등 운동으로 가득 차 있어요. 하지
만 코페르니쿠스의 우주 체계에서는 모두가 하나의 중심 둘레만을
똑같이 회전합니다. 프톨레마이오스 천문학에서는 천체들에 서로
모순되는 운동을 부여할 수밖에 없습니다. 모두 동쪽에서 서쪽으
로 운동한다고 보면서도 동시에 서쪽에서 동쪽으로도 운동한다고

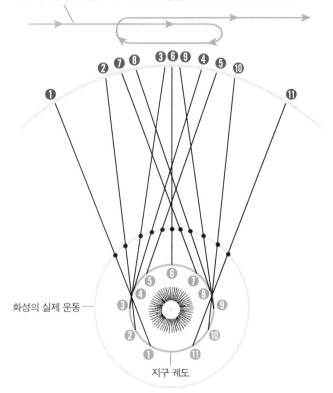

화성의 겉보기 운동: 지구와 화성이 다른 궤도에서 다른 속도로 운동하기 때문에 지구에서 볼 때 화성은 어느 시기에 역행 운동을 하는 것처럼 나타난다.

화성의 실제 운동 ─

지구 궤도

〈그림 10〉 코페르니쿠스 천문학에서 설명하는 행성의 역행

보니까요. 반면에 코페르니쿠스 천문학에서는 천상의 회전은 한 가지 방향만 지닙니다. 서쪽에서 동쪽으로 나아가는 것이죠.

행성의 겉보기 운동에 대해서는 또 어떻게 말하겠습니까? 행성이 어떤 때엔 빠르고 어떤 때엔 느리게 움직이며, 또 어떤 때엔

완전히 정지하고, 그런 뒤에 심지어 한참 동안 뒷걸음질을 하니, 불균등 운동을 한다고 말씀하시겠어요? 이런 현상을 설명하기 위해서, 프톨레마이오스는 또 다른 원(주전원)들을 생각해 내어 앞뒤 맞지 않는 운동을 설명하는 어떤 규칙과 주전원을 행성들에 하나씩 갖다 붙였던 겁니다. 이런 앞뒤 안 맞는 운동들의 수수께끼도 그저 지구가 운동한다고 보기만 하면 다 풀리는데도 말입니다. 심플리치오 님, 너무도 비합리적이라고 생각지 않으세요?(397)

셋째 날 대화가 무르익으면서, 코페르니쿠스는 새로운 근대 천문학의 선구자로 분명하게 옹립된다. 그동안 풀리지 않던 수수께끼 같은 천문 현상들이 그의 가설과 이론을 통해 "한결같고도 규칙적인 운동"으로 명쾌하게 해명될 수 있게 되었으니 말이다.

살비아티: 보세요, 여러분! 일 년 동안 나타나는 하늘의 변화가 지구의 공전 때문에 일어난다고 보면 얼마나 간편하고도 명쾌합니까? 토성, 목성, 화성, 금성, 수성, 이렇게 다섯 행성의 운동에서 관측되는 불규칙한 운동 현상이 저절로 이해되니 말입니다. 지구의 공전 운동을 받아들이면, 모든 변칙 현상이 사라지고 그런 현상들은 있는 그대로 한결같고도 규칙적인 운동으로 이해됩니다. 이런 불가사의한 현상의 원인을 처음으로 명쾌하게 밝힌 분이 바로 니콜라우스 코페르니쿠스 선생이지요.(400)

광대한 우주 공간에서
지구는 어떻게 공전하나?

우주는 얼마나 클까? 아리스토텔레스 학자들은 우주 전체가 지구를 중심으로 회전하며 그 우주는 태양과 행성들, 그리고 별들이 붙박이로 붙어 있는 천구가 겹겹이 쌓여 이뤄졌다고 보았다. 당연히 그런 우주에서는 끝이 있다. 또한 우리 태양계가 우주의 대부분이며 우주의 한복판에는 지구가 놓여 있다. 반면에 갈릴레오는 자신이 망원경을 통해 목격한 우주가 엄청나게 드넓은 구조를 지니고 있다고 보았다. 그가 무한우주론을 드러내 놓고 말한 것은 아니지만, 그렇다고 해서 우주에는 끝이 있다고 밝힌 것도 아니다.『대화』는 태양계 행성들 너머에 광대한 우주 공간이 있고 그 공간에는 헤아릴 수 없이 많은 별들이 흩어져 있다고 본다.

유한한 공 모양의 우주 대 천구 없는 무한한 우주
우주가 얼마나 큰지 그 규모에 대한 생각의 차이는 '별들이 지구에서 얼마나 멀리 떨어져 있을까?'라는 물음을 둘러싸고 벌어진 논란에서 나타난다. 심플리치오의 다음 주장은 이런 쟁점을 이해하는 데 도움을 주며, 아리스토텔레스 학자들이 프톨레마이오스 천문학을 옹호할 때 품었을 종교적 믿음의 뿌리도 엿볼 수 있다.

심플리치오: 우주의 크기가 우리의 상상을 초월할 수도 있다는 점은 누구도 부정하지 않아요. 하느님께서 하시고자 했다면 우주를 지금보다도 수천 배나 더 크게 창조할 수도 있었을 테니까요. 하지만 이 우주에서 어느 것도 헛되이 또는 일없이 창조되지 않았다는 점 또한 인정해야만 하지요. 저 아름다운 행성들의 질서를 보세요. 지구에 이로운 영향을 줄 수 있게 적당한 거리를 두고서 지구 둘레를 돌고 있잖아요. 이런 걸 생각하면, 가장 멀리 떨어진 행성인 토성과 항성 천구 사이에 아무것도 없는 텅 빈 공간이 광대한 규모로 쓸데없이 끼어들어 존재할 이유가 있을까요? 누구의 쓰임새를 위해, 누구의 편익을 위해 말입니까?(426)

아리스토텔레스 철학자다운 반론이다. 이 주장이 아리스토텔레스 철학의 주요한 특징으로 꼽히는, 이른바 '목적론'에 바탕을 두고 있기 때문이다. 아리스토텔레스 철학은 모든 사물은 본래 고유한 목적을 지니고 있으며 사물의 변화나 운동은 이런 목적이 실현되는 과정으로 본다. 예를 들어 둘째 날에 많이 얘기했던 무거운 물체의 자유 낙하 운동만 해도 그렇다. 지상의 무거운 물체는 본래 중심으로 되돌아가려는 목적(속성)을 지니고 있고, 따라서 돌멩이가 땅에 떨어지는 것은 그런 목적지를 향하는 과정으로 이해할 수 있다. 당연히 목적론의 설명에서는 중력 작용을 생각할 필요가 없다. 햇빛이 비추는 것은 곡식이 잘 자라도록 하기 위함이며, 동물의 눈이 둘인 것은 더 잘 보게 하려는 목적 때문이라고 설명할 수 있다. 목적론을 따르다 보면 본래의 속성과 목적으로 모든 변화와 운동의 원인을 설명할 수 있기 때문에, 그런 변화와 운동이 어떻게 일어나고 작용하는지 살필 필요가 없어진다. 17세기 유럽에 등장한 근대 과학 혁명은 아리스토텔레스 철학의 목적론적 설명을 극복하고 자연에 나타나는 존재와 현상을 어떤 목적과 무관하게 나타나는 것으로 바라보려는 노력이었다고 볼 수 있겠다.

여기에서 심플리치오 주장에 깔려 있는 목적론 철학은 다음과 같다. 만일 코페르니쿠스 천문학이 옳다면, 별들은 프톨레마이오스 천문학에서 말하는 것보다 훨씬 더 먼, 너무도 엄청난 거리에 떨어져 있는 게 분명하다. 또 별들이 그토록 먼 곳에 있다면 우주에는 천체들이 전혀 없는 텅 빈 공간도 광활하게 존재한다는 얘기가 될 터다. 하지만 그런 공간은 인간이 보기에 아무런 쓸모도 없고 불필요하지 않은가. 자연의 모든 사물은 저마다 알맞은 목적이 있기에 존재할 수 있으므로, 이처럼 자연에 쓸모없고 불필요한 텅 빈 공간이 존재할 리 없다. 따라서 코페르니쿠스 천문학의 주장은 잘못된 것이다!

이런 목적론에 대해 살비아티는 속 좁은 인간 중심주의의 오만이라고 비판한다. 제 주변의 부분만 보고 우리가 다 알지 못하는 전체를 바라볼 줄 모르는 인간의 오류를 지적하는 것이다. 또 인간 중심의 눈으로 우주를 보려는 것은 감히 인간이 신의 세계를 다 이해할 수 있다고 생각하는 자만이라고 꾸짖는다.

살비아티: 심플리치오 님, 지나친 자만 아닐까요? 신이 인간을 돌보는 일에만 지혜와 권능을 쓰신다고 당연히 생각하고, 그 이상의 일은 아무것도 창조하거나 주관하지 않으신다고 생각하니 말입니다. 신의 손을 그리 속박해서는 안 되지요. (……)

아주 적당하고 고상한 비유를 하나 들겠습니다. 햇빛의 작용에 관한 비유입니다. 태양은 수증기를 끌어올리기도 하고 식물을 따뜻하게도 합니다. 이때 태양은 수증기를 끌어올리고 식물을 따뜻하게 하는 일 말고는 아무 일도 하지 않는 것처럼 보일 테지요. 태양은 포도 한 송이, 아니 포도 알 하나를 영글게 만들 때에도 온전히 그 일에 전념합니다. 그러니 태양의 목적이 오로지 저 포도 알 하나만을 영글게 하는 데 있다 해도, 지금 하고 있는 것보다 더 많은 일을 할 수 있을 겁니다. 이 포도 알은 태양에서 받을 수 있는 모든 것을 받습니다. 태양이 이 포도 알 말고도 다른 수십만 개의 포도 알을 동시에 영글게 만드는 일을 하더라도 말입니다. 그런데 이 포도 알은 이렇게 생각할 겁니다. "햇살이 나한테만 내리비치고 있구나."라고요. 아니면 "나한테만 내리비쳐야 해." 하고 요구하겠지요. 이렇게 자만과 질투의 죄를 저지르고 말 겁니다.

(426~427)

살비아티는 신의 목적을 중시하는 심플리치오의 중세 세계관을 자만과 질투가 담긴 인간 중심주의라고 몰아붙인다. 인간 중심주의에 대한 비판은 인간 언어의 상대성을 지적하는 대목에서도 나타난다. 우리가 흔히 쓰는 말과 표현도 따지고 보면 상대적일 뿐이며 그런 말을 주관적으로 쓸 때가 많다는 점을 일러 준다. 내용 자체도 흥미롭지만 단순명쾌한 비유를 써서 상대의 주장을 잠재우는 갈릴레오의 탁월한 말솜씨도 볼만하다.

살비아티: '크다', '작다'나 '광대하다', '미세하다' 같은 말의 뜻은 절대적이지 않고 상대적이라는 점을 말씀드립니다. 같은 것이라 해도 다른 것들과 비교하다 보면 어떤 때엔 '광대하다'고 표현되고, 또 어떤 때엔 '작다'는 말도 부족해 '보이지도 않는다'고 표현되지요.

이런 점을 생각하며, 저는 이렇게 묻고 싶습니다. 코페르니쿠스 선생이 말한 항성 천구를 "지나치게 광대하다."고 하시는데, 무엇과 비교해 그리 말씀하시는 건가요? 제 식견으로는, 같은 종류에 속한 다른 것들과 비교하는 게 아니라면 지나치게 광대한 것으로 비교될 수도, 또 그렇지 않을 수도 있을 것 같습니다.

그러면 같은 종류에 속한 것들 중에서 가장 작은 걸 생각해 봅시다. 가장 작은 건 달의 천구겠지요. 항성 천구가 달 천구에 비해 '지나치게 크다'고 생각해야 한다면, 그 이상으로 더 큰 것들에도 모두 '지나치게 크다'고 말해야겠지요. 또한 '우주에 그런 건 존재할 수 없다'고 말해야 하겠지요. 하지만 이런 식이라면 코끼리나 고래는 괴물이거나 상상의 동물일 뿐일 겁니다. 코끼리는 개미와 비교해 지나치게 거대하고, 고래는 모샘치*와 비교해 지나치게 거대하니까요. 그러니 코끼리와 고래는 실제로 자연에서 존재하는데도, 우리는 그것들이 측량할 수 없을 만큼 거대하다고 말해야 할지 모릅니다. 왜냐하면 코페르니쿠스 선생이 말한 정도의 항성 천구와 달 천구의 크기 비율보다도 코끼리나 고래가 개미나 모샘치보다 훨씬 더 큰 비율로 거대할 테니까요.(428~429)

'지나치게 크다'는 말의 잣대는 사람 머리에서 나온 것이지 자연에 존재하는 잣대가 아니다. 살비아티는 '너무 크다', '지나치게 작다'는 말은 인간의 주관이 들어간 말이며, 그래서 자연 과학의 언어로는 어울리지 않는다고 지적하고 있는 셈이다.

한편 갈릴레오는 코페르니쿠스가 말한 우주 체계의 한계도 잘 알고 있었다. 그는 "우주에서 그처럼 넓은 공간을 붙박이별들이 차지하고 있다고 보면, 그 헤아릴 수조차 없이 많은 별을 담고 있는 천구의 크기는 코페르니쿠스가 말한 것보다 자그마치 수천 배나 더 커야 할 것"이라고 말한다. 우주는 코페르니쿠스가 생각한 것보다 훨씬 더 크고 광대하다는 얘기다. 또 코페르니쿠스의 우주에는 프톨레마이오스가 말한 '항성 천구'가 사라지지 않은 채 여

*모샘치는 잉엇과의 작은 민물고기다.

전히 등장하고 있는 데 비해, 갈릴레오의 우주에는 항성 천구를 걸어 내고 별들이 텅 빈 우주에 흩뿌려져 있는 모습이라는 사실도 눈여겨봐야 할 대목이다.

"별의 고도 변화를 관측하면 지구 공전의 증거가 될 것"

아리스토텔레스 학자들은 지구가 공전한다면 지구의 위치에 따라 별들의 자리도 달라질 텐데, 그런 별자리의 변화는 실제로 관측되지 않기 때문에 코페르니쿠스 천문학이 틀렸다고 공격한다. 이에 대해 코페르니쿠스 천문학은 별들이 엄청나게 멀리 떨어져 있기 때문에 변화가 거의 나타나지 않는다고 말한다. 차를 타고 고속도로를 달릴 때 멀리 떨어진 산이 거의 제자리에 있는 것처럼 보이듯이, 또 밤하늘의 달이 달리는 차를 쫓아오는 것처럼 보이듯이, 머나먼 별들은 너무도 멀리 떨어져 있기에 위치의 변화를 느낄 수 없을 뿐이라는 것이다. 그러나 아리스토텔레스 학자 심플리치오는 그런 거대한 규모의 우주는 상상조차 할 수 없다고 반박한다.

> **심플리치오**: 항성 천구의 거대한 규모에 비하면 태양 둘레를 한 해에 한 바퀴 도는 지구의 궤도 운동은 거의 지각할 수 없는 정도라는 얘기가 되는데, 만일 그렇다면 붙박이별들은 상상할 수 없을 정도로 멀리 떨어져 있다고 봐야만 할 겁니다. (……) 그렇지만 그런 규모는 정말이지 엄청나게 광대해 이해할 수도 없고 믿을 수도 없습니다.(416)

이에 대해 살비아티의 반론이 시작된다. 먼저 그는 지구가 태양 둘레를 도는 공전 운동을 하더라도 지상에서 관측되는 별들이 왜 늘 같은 모습으로 나타나는지 설명한다.

살비아티: 지구는 다른 운동(일주 운동)으로 날마다 자신의 축을 중심으로 회전합니다. 그런데 그 축은 황도와 수직을 이루는 게 아니라 대략 23.5도 기울어 있어요. 그 기울기는 일 년 내내 바뀌지 않아요. 꼭 기억해 둬야 할 점은 지구 축이 언제나 하늘의 같은 쪽을 향해 기울어 있다는 사실입니다. 자전축은 공전 운동을 하는 동안 늘 같은 방향을 가리키지요.(440~441)

그러니까 공전 궤도 상의 지구 자리가 바뀐다 해도 지구는 늘 같은 곳을 바라보기 때문에 별들의 모습은 거의 달라지지 않는다. 하지만 별들의 자리에 변화가 '거의 없다'는 뜻이지, 그런 변화가 '전혀 없다'는 뜻은 아니다. 별들이 머나먼 곳에 있어 지상에서 볼 때 변화를 알아차릴 수 없을 정도라 해도, 지구가 태양 둘레를 공전하며 자리를 바꾸면 미세한 정도라도 별자리의 변화는 나타나는 게 더 이치에 맞다. 살비아티도 이런 점을 인정한다. 아니, 오히려 이처럼 별자리에 나타나는 작은 변화들이 관측될 수만 있다면, 그것은 지구 공전을 증명하는 결정적 증거가 될 거라고 강조한다.

그는 넓게 트인 평야 지대에서 성능 좋은 망원경으로 하지부터 동지까지 일정한 시간 간격으로 밤하늘을 정밀하게 관측한다면,

지구 공전 때문에 별의 고도가 미세하게 달라지는 변화를 확인할 수 있을 것이라는 예측을 제시한다. 17세기에 이런 발견이 이뤄졌다면 그것은 "실로 엄청난 천문학의 성과"가 될 것이며, 아마도 별들의 고도 변화를 관측함으로써 지구 공전을 증명하는 '중대한 발견'이 될 것이다. 하지만 이런 결정적 관측도 "정교한 망원경"이 없다면 좋은 결과를 얻기란 불가능하다고 살비아티는 강조한다.

관측 방법은 〈그림 11〉과 같다. 지구는 태양 둘레를 공전하면서 여섯 달 간격으로 가장 먼 거리로 벌어져 놓이게 되는데, 그러면서 별들도 멀어졌다 가까워졌다 한다. 이때 지구와 가까운 별을 관측할 때 나타나는 시선 각도의 차이(시차, 視差)를 관측해 비교하는 것이다. 지구의 연주 운동인 공전 때문에 나타나는 시차를 '연주 시차'라고 부른다.

하지만 연주 시차 확인은 쉬운 일이 아니다. 지구에서 가장 가깝다는 별조차도 자그마치 4.2광년*이나 떨어져 있는데, 이 별의 연주 시차는 1초(1초는 3600분의 1도이다)도 안 되는 0.76초일 뿐이라 맨눈으로는 도저히 시차를 감지하기 힘들다. 그래서 당대 걸출한 천문학자였던 티코 브라헤도 연주 시차를 찾아내지 못해 지구 중심설을 지지했던 것으로 알려졌다.

---

*광년은 천체와 천체 사이의 거리를 나타내는 단위다. 1광년은 빛의 속도(초속 약 30만 킬로미터)로 1년 동안 나아가는 거리로 9조 4670억 7782만 킬로미터다. 지구에서 가장 가까운 별인 프록시마가 4.2광년의 거리로 무려 40조 킬로미터 가량 떨어져 있다.

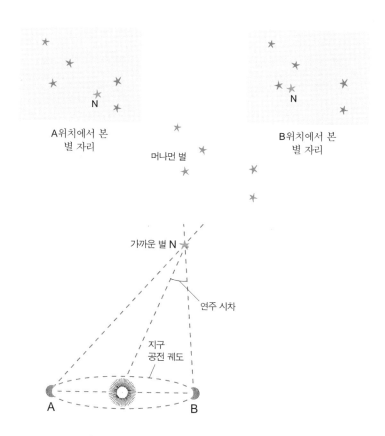

A위치에서 본
별 자리

머나먼 별

B위치에서 본
별 자리

가까운 별 N

연주 시차

지구
공전 궤도

A

B

〈그림 11〉 '연주 시차'가 생기는 원리와 관측 방법

티코 브라헤와 요하네스 케플러

덴마크의 천문학자 티코 브라헤(1546~1601)는 천문학 관측의 역
사에서 새로운 장을 연 인물로 잘 알려져 있다. 그는 거대하고 잘

조립된 관측 장치를 마련해 두고서, 당시 육안으로 관찰한 가장 정밀한 관측 자료를 남겼다. 특히 화성의 관측 기록은 당시 지구상에서 가장 방대하고도 정밀한 것이었다. 그가 1572년에 발견한 신성은 아리스토텔레스 이론과 달리 별들이 있는 천상계에서도 변화가 일어날 수 있음을 보여 주는 증거가 되기도 했다.

한편 그는 천문 관측 결과가 프톨레마이오스의 우주 체계나 코페르니쿠스 우주 체계와도 잘 들어맞지 않는다는 사실을 발견하고, 새로운 우주 체계를 마련하고자 애썼다. 그가 숨진 뒤 방대한 관측 자료는 그의 천문대에서 조수 노릇을 했던 천문학자 요하네스 케플러(1571~1630)의 손으로 넘어갔다.

케플러는 티코 브라헤와 한 약속을 지키고자 브라헤의 정밀 관측 자료에 잘 들어맞는 우주 체계를 찾아내려는 각고의 노력을 기울였다. 오랜 시행착오와 실패 끝에 케플러는 행성들이 원운동을 하는 게 아니라 타원 운동을 한다는 사실을 발견했다. 케플러의 행성 타원 운동은 태양 중심설을 주창했던 코페르니쿠스나 갈릴레오도 미처 생각하지 못했던 혁신적 발견이었다.

지구 자전과 공전, 그리고 계절 변화

대화의 분위기는 점점 코페르니쿠스 천문학에 유리하게 바뀌어 간다. 그러다 보니 대화도 이제까지 보여 준 주고받기식 논쟁보다는 살비아티의 강의식 설명처럼 이어진다. 사그레도는 이런 설명에 만족을 나타내고, 심플리치오도 잠자코 경청한다. 분위기는 좋다. 그림까지 그려 가며 지구의 공전과 자전, 낮과 밤의 길이, 사계절의 변화를 종합해 코페르니쿠스 천문학의 참됨을 설명하는 대목이 이어진다.

살비아티: 이제 제가 설명할 부분을 좀 더 쉽게 이해하실 수 있도록 그림을 하나 그려 보겠습니다(《그림12》 참조). 먼저 황도면에 놓인 지구의 공전 궤도를 보여 주는 원을 하나 그립니다. 여기에 두 개의 지름 선을 그려 원을 같은 크기의 네 부분으로 나누지요. 염소자리, 게자리, 천칭자리, 양자리는 여기에서 네 절기, 곧 하지와 동지, 춘분과 추분을 나타내지요. 태양은 원의 중앙에 O로 표시하고 움직이지 않는다고 합시다.

이제 염소자리, 게자리, 천칭자리, 양자리의 네 점을 중심으로 제가끔 같은 크기의 원을 그립시다. 이 원들은 봄, 여름, 가을, 겨울의 지구를 나타냅니다. 지구 중심은 염소자리─양자리─게자리─천칭자리로 이어지는 전체 원주를 따라서, 서쪽에서 동쪽으로 황도 12궁의 순서를 따라 일 년 동안 한 바퀴를 돕니다. 다들 잘 아시듯이, 지구가 염소자리에 있을 때 태양은 게자리 방향에서 나타나지요. 또 지구가 염소자리에서 양자리 쪽으로 움직이면 태양은 게자리에서 천칭자리로 자리를 옮겨 나타납니다. 한마디로, 태양이 일 년 동안 황도 12궁의 순서를 따라 한 바퀴 도는 것처럼 나타난다는 얘기입니다. 그래서 지상에서 볼

때 태양이 황도대를 따라 일 년에 한 바퀴씩 도는 겉보기 운동은 충분히 설명되죠.(453~454)

살비아티는 태양이 계절에 따라 다른 별자리 방향에서 뜨고 지는 현상을 지구 공전 가설로 설명해 낸다. 여기에서 '황도 12궁'은 태양과 행성들이 지나가는 하늘의 길(황도)에 나타나는 열두 가지 별자리를 가리킨다. 그가 그린 그림에도 열두 별자리의 기호가 모두 표시돼 있다. 맨 왼쪽 지구의 한가운데에 그려진 제1궁인 염소자리에서 시작해, 시계 반대 방향으로 물병자리, 물고기자리, 양자리, 황소자리, 쌍둥이자리, 게자리, 사자자리, 처녀자리, 천칭자리, 전갈자리와 마지막 제12궁인 궁수자리의 기호가 그려져 있다.

> **살비아티**: 지구의 일주 운동, 곧 자전에 대해 말씀드리겠습니다. 먼저 지구의 극과 축이 있어야겠죠. 꼭 아셔야 할 것은 축과 극이 황도면(지구 궤도면)과 수직을 이루지는 않는다는 점입니다. 달리 말해, 지구 공전의 축과 평행을 이루지는 않는다는 얘기고, 지구가 오른쪽으로 23.5도 정도 기울어 있다는 얘기입니다. (……)
>   지구가 축 AB를 중심으로 24시간에 한 바퀴씩, 서쪽에서 동쪽으로 자전한다고 가정해 봅시다. 그러면 지구 표면의 모든 점은 제가끔 평행하게 원을 그리며 한 바퀴씩 돌게 됩니다. 맨 왼쪽의 첫 번째 지구 그림에서 적도에 나타나는 가장 큰 원인 CD와 거기에서 23.5도 위와 아래에 있는 두 개의 원을 그려 EF, GN으로 표시하도

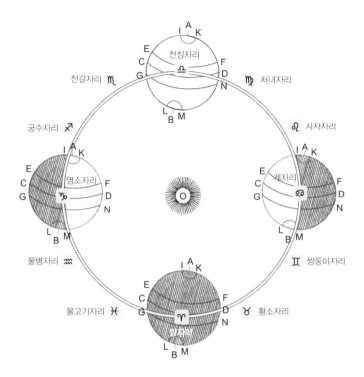

천칭자리

전갈자리 ♏

궁수자리 ♐

염소자리 ♑

물병자리 ♒

물고기자리 ♓

처녀자리 ♍

사자자리 ♌

게자리 ♋

쌍둥이자리 ♊

황소자리 ♉

양자리 ♈

O

〈그림 12〉 지구의 공전·자전과 낮밤·계절의 변화

록 하지요. 극점 A와 B에서 23.5도 떨어진 두 원은 IK와 LM으로 표시합니다. 물론 지표면의 모든 점이 평행하게 원을 나타내기 때문에 우리는 이 다섯 원 외에도 헤아릴 수 없을 정도로 많은 원을 그릴 수 있습니다.

이제는 지구의 중심이 일 년 동안 행하는 운동(공전 운동)에 의해서, 지구가 이미 우리가 표시해 둔 다른 지점으로 이동한다고 생각해 봅시다. 이때에 다음과 같은 법칙을 따라 움직인다고 가정합시다. '황도면에 대한 지구 축 AB의 기울기는 변하시 않으며, 그 기울어진 방향도 변하지 않는다. 지구 축은 언제나 같은 방향을 향해, 언제나 우주의 어느 한 부분, 달리 말하면 천상계의 같은 방향을 가리킨다.' 이렇게 말입니다. (……) 지구 축의 기울기는 결코 바꿔지 않으니까,* 양자리, 게자리, 천칭자리를 중심으로 도는 지구를 아주 똑같은 모양으로 세 개 더 그립시다.(454~455)

이제 맨 아래쪽, 맨 오른쪽, 맨 위쪽에도 똑같은 기울기와 모양의 지구를 그려 넣어 그림을 완성한다. 지구 축의 방향은 모두 같지만 태양과 지구의 자리는 바뀌므로 태양 빛이 비추는 방향도 모두 다르다. 살비아티는 네 지구의 그림을 하나씩 짚어 가면서, 지구가 공전과 자전에 따라 각각의 위치에 있을 때에 밤낮의 길이가 어떻게 달라지고 사계절의 변화가 어떻게 나타나는지 설명한다. 지구에서 일어나는 이런 변화들이 지구의 자전과 공전으로 모두 설명될 수 있으니, 지구가 자전과 공전의 운동을 한다고 해도 지구 땅덩어리에 아주 이상한 일이 생기는 것은 아니지 않은가? 오히려 지구가 자전과 공전을 한다고 볼 때 천상과 지상의 변화는 훨씬 더

---

*지구 자전축에는 매우 긴 주기의 세차 운동이 일어난다. 세차 운동이란 기울어진 팽이의 축이 회전하는 것처럼 자전축이 원뿔 모양을 그리면서 회전하는 운동을 말한다. 세차 운동의 주기는 2만 5800년이다. 따라서 시간이 흐르면 지구 축의 기울기가 기울어지면서 현재의 북극성이 더는 북극성으로 남아 있을 수 없게 된다. 세차 운동은 태양의 중력이 지구에 차등적으로 가해져 생기는 현상이다. 갈릴레오 당시에는 지구의 세차 운동이 밝혀지지 않아 지구 축의 기울기가 결코 변하지 않는다고 생각했다.

쉽고 모순 없이 이해될 수 있잖은가?

살비아티: 보세요. 이처럼 단순한 지구 자전과 공전 운동이 서로 모순되지도 않고, 지구가 어떻게 공전, 자전 운동의 크기에 잘 어울리는 주기로 운동하는지 말입니다. 또 지구 자전과 공전이 다른 모든 행성이 그렇듯이 서쪽에서 동쪽으로 이뤄진다는 것도요. 이런 지구 자전과 공전이 우리가 눈으로 보는 모든 천문 현상의 원인을 어떻게 잘 설명해 주는지 이제 아시겠지요?

그런데 지구가 운동하지 않는다고 보면 어찌 될까요? 지구가 정지해 있다고 보면서 이 모든 천문 현상을 설명하려면, 운동하는 천체들의 속도와 크기에 나타나는 모든 조화로움을 다 포기해야만 합니다. 그리하여 태양과 행성 천구들 너머에 있는 거대한 항성 천구는 상상할 수도 없는 엄청난 속도로 지구 둘레를 하루에 한 바퀴씩 회전해야 하고, 그 안쪽에 있는 작은 천구들은 아주 느리게 회전해야 하겠지요. 게다가 항성 천구와 그 안쪽의 작은 천구들은 서로 반대 방향으로 연주 운동을 해야 합니다. 게다가 더욱더 믿을 수 없는 일은, 가장 높은 곳에 있는 항성 천구가 안쪽의 천구들을 그 고유한 운동 방향과는 반대되는 쪽으로 실어 날라야 한다는 점입니다.(460)

그러고 난 다음, 살비아티의 마무리 말 한마디. "어떤 이론이 더 그럴듯합니까? 여러분이 한번 판단해 보시지요."

넷
째

날

독창적 조수 이론으로 지구 운동을 논증하다

갈릴레오는 바닷물의 밀물·썰물(조수) 현상이 지구가 운동하고 있다는 사실을 보여 주는 훌륭한 증거라고 생각했다. 1616년 1월에 그는 잘 아는 추기경의 권고로『조수에 관한 대화』라는 글을 썼는데, 이것이 이 책『대화』에서 넷째 날의 내용이 됐다. 그 요지는 밀물과 썰물이 지구가 정지해 있지 않고 자전과 공전의 복합 운동을 하기 때문에 일어나는 자연 현상이라는 것이었다.

갈릴레오는 자신의 조수 이론을『대화』의 마지막 날 주제로 다룬다. 그가 조수 이론에 큰 애착을 두었다는 역사적 사실을 떠올리면, 조수 이론이 덜 중요했기 때문은 아니었을 것이다. 오히려 그는 마지막 날이 나흘간 대화의 결론이자 대단원이라는 점을 헤아렸을지 모른다. 물론 조수 이론이 지구의 자전과 공전을 충분히 이해해야만 논의할 수 있는 성격을 지닌다는 점도 고려했을 것이다. 그는 셋째 날 대화를 마무리하는 대목에서 살비아티의 입을 빌려 넷째 날 대화에 거는 기대를 다음과 같이 드러낸 바 있다. "사흘 동안 우주 체계에 관해 자세히 다뤘다고 생각합니다. 이제 우리 토론의 시발점이 된 저 중요한 현상을 다룰 시간이 됐네요. 바나의 밀물과 썰물 말입니다. 그건 아마도 지구의 운동 때문에 생겨난다고 볼 수 있겠지요. 내일은 이 얘기를 하도록 하지요."(479) 그러니, 갈릴레오가 밀물·썰물 현상을 둘째 날과 셋째 날 논의한 기하학의 증명과 망원경의 관측 증거 못잖게 지구 운동을 증명할 "저 중요한 현상"으로 여겼음을 알 필요가 있다.

그런데 갈릴레오의 조수 이론은 놀라울 만큼 세밀한 관찰 자료를 제시하고 지구 차원에서 밀물과 썰물의 운동을 설명하고 있지만, 사실 오늘날 과학 지식으로 보면 다 받아들이기는 힘든 이론이다. 뉴턴의 고전 역학 이래 조수 이론은 지금 우리가 이해하는 식으로 파악됐으며, 우리는 바닷물의 밀물·썰물이 주로 달과 태양의 인력 효과 때문에 일어난다고 알고 있다. 갈릴레오가 강조한 지구의 자전과 공전만으로 설명할 수 없는 부분들이 많다는 얘기다. 그런데도 살비아티는 마지막 날 대화에서 밀물·썰물이 지구 자전과 공전의 복합 운동에 의해 일어난다는 가설을 여러 관찰과 경험, 그리고 기하학까지 동원해 열정적으로 증명하고자 애쓴다.

근대 과학 혁명 정신의 위대한 고전인 『대화』를 제대로 읽으려면 그 조수 이론의 참과 오류를 일일이 따지는 데 머물기보다는, 지구 운동설에 대한 갈릴레오의 믿음과 열정이 얼마나 컸는지, 또 당시 과학의 사고방식은 어떠한 것이었는지 따위를 더 살펴보는 게 나을 듯하다. 특히나 그의 설명에 담긴 여러 비유와 추론 과정은 그만의 독창적 사고를 보여 준다는 점에서도 눈길을 끈다.

밀물과 썰물

해안에 바닷물이 밀려오는 밀물(만조)과 빠져나가는 썰물(간조)을 아우르는 조수 현상은 주로 지구와 달, 태양의 인력 효과에 의해 일어난다. 조수를 일으키는 힘(기조력)은 잡아당기는 달의 중력과 달아나려는 지구의 원심력이 합해져 생긴다. 이 때문에 달을 마주보는 지표면은 물론이고 그 반대편의 지표면에서도 해수면이 오르는 밀물이 일어난다. 그래서 지구가 한 바퀴 자전하는 하루 동안에 밀물과 썰물은 두 번씩 일어난다. 인력의 효과는 지구에 가까운 달이 먼 태양보다 2배가량 크게 발휘하는 것으로 알려져 있다.

밀물과 썰물 때의 해수면 차이(조수 간만의 차이)는 지구와 달, 태양의 위치에 따라 달라진다. 대략 27.32일 주기로 지구 둘레를 도는 달은 보름에는 태양-지구-달, 그믐에는 태양-달-지구의 배열로 일직선에 놓이게 된다. 이때에는 태양의 인력이 보태지면서 밀물 때와 썰물 때의 해수면 차이가 가장 크게 나타난다. 이를 '사리'라 한다. 그러나 태양, 지구, 달이 직각의 배열을 이루는 상현과 하현에는 인력이 흩어져 밀물과 썰물의 차이는 가장 작다. 이때를 '조금'이라 한다.

밀물·썰물은 지구 운동의 증거?

살비아티가 들려주는 조수 이론은 다음과 같다. 그는 바다의 밀물·썰물에는 세 가지 주기가 있다며 그 셋을 구분했다. 첫 번째 주기는 날마다 눈에 띄게 몇 시간 간격으로 바닷물이 올랐다가 내려가는 하루 주기다. 그가 지중해에서 관찰해 보니 이런 시간 간격은 대체로 여섯 시간이어서, "바닷물이 여섯 시간 동안 올랐다가 여섯 시간 동안 내려간다."고 말한다. 두 번째 주기는 한 달 주기다. 그것은 달에 영향을 받아 "보름달이냐, 초승달이냐, 상현달, 하현달이냐에 따라 크게 달라진다."고 보았다. 하지만 그는 달의 영향이 다른 새로운 운동을 일으키지는 않고 그저 하루 밀물·썰물의 규모만을 바꿀 뿐이라고 했다. 세 번째 주기는 태양의 영향을 받아 일어나는 한 해 주기다. 이것도 마찬가지로 "하지 때의 하루 조수는 춘분, 추분 때의 하루 조수와 규모만 다를"뿐 다른 새로운 운동을 일으키지는 않는다고 보았다. 살비아티가 보기에, 하루 주기야말로 기본이며 한 달 주기와 한 해 주기는 부차적으로 일어나는 것이었다.

그의 설명은 하루 주기에 쏠려 있다. 이어 그는 시간마다 달라지는 바닷물의 변화를 관찰해 세 가지 유형을 찾아냈다. 세 가지 유형이란 "어떤 곳에서 바닷물은 전진 운동을 하지 않으면서 오르고 내리고, 다른 어떤 곳에서는 바닷물이 오르고 내리지는 않은 채 동서로 이동하며, 또 다른 곳에서는 바닷물의 높이와 경로가 모두 바뀐다."는 말에 요약돼 있다. 다시 말해, 하루 주기의 밀물·썰물을 자세히 관찰하면 다음 세 가지로 정리할 수 있다. 첫째 해수면의 높이만 오르내리는 경우, 둘째 바닷물이 이리저리 이동하는 경우, 셋째 바닷물이 이리저리 이동하는 동시에 해수면도 오르내리는 경우다. 베네치아 부근 해안, 이탈리아 반도와 시칠리아 섬 사이에 거친 물살이 흐르는 메시나 해협, 그리고 발레아레스, 코르시카, 시칠리아, 몰타, 크레타 같은 지중해 섬 주변에 나타나는 해수면의 변화를 꼼꼼하게 살핀 '관찰하는 과학자' 갈릴레오의 새로운 면모가 여기에서 드러난다.

이어 살비아티는 "실제로 일어나고 누구나 다 아는 이런 자연현상만 보아도, 자연을 있는 그대로 받아들이는 사람이라면 누구나 다 지구가 운동하고 있음을 알게 될 것"이라고 말한다. 어찌 이토록 자신감 넘치게 말할 수 있을까? 살비아티는 "왜냐하면 바닷물을 담고 있는 저 지중해의 해저 분지 자체가 움직이지 않고서는, 분지 안의 바닷물을 오르고 내리게 하거나 이동하게 할 방도는 정말이지 생각할 수조차 없기 때문"이라고 잘라 말한다.(486~487) 해저 분지를 움직이는 지구 운동이야말로 눈앞에 나타나는 밀물·썰물 운동을 설명할 유일한 근거라는 뜻이다.

갈릴레오의 조수 이론은 불완전한 것이다. 갈릴레오가 산 시대는 밀물·썰물이 달 중력의 영향 탓에 일어난다고 밝힌 뉴턴의 조수 이론이 등장하기 전이었다. 그는 달을 조수 이론에서 중요하지 않은 요인으로 다룬다. 그렇다고 갈릴레오의 탐구 활동이 의미 없는 것은 아니다. 과학은 언제나 가설을 세우고 그것을 검증하면서 차츰차츰 발전해 나가기 마련이다. 가설이 잘못된 것으로 밝혀져도 그 덕에 다시 새로운 가설을 세워 한발 한발 검증된 이론으로 발전해 나가게 된다. 끊임없는 탐구 활동 자체가 과학의 발전에 기여하는 것이다.

한편 『대화』에는 밀물·썰물이 달 때문에 일어날지도 모른다는 말이 스쳐 가듯 나온다. 그런데 흥미롭게도 그런 이론을 전한 사람은 다른 사람이 아니라 아리스토텔레스 학자 심플리치오다. 아리스토텔레스 학자들의 엉뚱한 조수 이론을 늘어놓다가 심플리치오가 언뜻 달 중력의 영향을 설명하는 듯한 얘기를 전한다.

심플리치오: 조수의 원인을 달에서 찾는 분들도 많습니다. 달이 바다를 지배한다는 겁니다. 근래에, 지체 높으신 성직자 한 분이 작은 논문을 하나 냈는데, 거기에서 그분은 달이 하늘에서 돌아다니며 물을 자기 쪽으로 끌어당겨 들어 올리기에 물이 달을 좇아간다고 말합니다. 그래서 달 아래에 놓인 곳에서는 언제나 만조가 일어난다고 하죠. 달이 수평선 너머로 지고 난 뒤에도 만조가 한 번 더 나타나는데, 이런 현상으로 보건대 달 자체가 본래 그런 능력을 지닐 뿐 아니라 황도대의 정반대 지점에도 그 능력을 전한다고 볼 수밖에 없다고 말했어요. 여러분도 잘 아시겠지만, 달이 물에 적당한 열을 가해 해수면을 부풀어 오르게 한다고 말하는 다른 분들도 계시지요.(487)

밀물과 썰물이 달 때문에 생긴다는 견해는 오늘날 조수 이론과 같다. 그러나 심플리치오가 밀물과 썰물을 일으키는 원인에 관한 아리스토텔레스 학자들의 어처구니없는 여러 설명을 한꺼번에 늘어놓는 바람에 오히려 살비아티의 비웃음과 조롱을 사고 만다. 갈릴레오 특유의 독설은 신랄하고도 유쾌발랄하다.

살비아티: 그대가 말씀하신 그 성직자에게는 이런 말을 꼭 전해 주시죠. 달이 날마다 지중해 전체를 지나가지만 오로지 지중해의 동쪽 끝, 우리가 있는 이곳 베네치아에서만 해수면이 오른다고 말입니다. 또 달빛이 적당한 열을 가해 바닷물을 부풀릴 수 있다고 말하는 사람에게는 이렇게 말해 주시죠. 불 위에 물주전자를 올려 놓고, 불의 열기로 물이 끓어 단 1인치라도 부풀어 오를 때까지 오른손을 주전자에 넣어 보시라고요. 그걸 확인한 뒤에 그 손으로 바닷물이 부풀어 오른다고 한번 글을 써 보라 하시죠.(488)

원인을 알 수 없는 기적? 인과관계 지닌 자연 현상?

아리스토텔레스도 일찍이 "원인이 본래 숨어 있어 인간이 그 원인을 알 수 없는 현상은 기적"이라 불렀다 한다. 심플리치오도 아리스토텔레스의 이런 가르침을 따르는 것일까? 그는 밀물과 썰물이 왜 일어나는지에 관해 이런저런 설명들은 많지만 "유일하고 참되며 주요한 원인"을 명쾌하게 보여 주지 못하니, 밀물·썰물을 초자연 현상으로 보는 게 합당하다는 견해를 제시한다.

심플리치오: 오늘날까지 제시된 여러 설명을 보면 거기에는 참된

원인이 없는 것 같아요. 저도 참된 원인은 있다고 믿고 싶어요. 수많은 거짓 원인의 어둠을 뚫고 나타나지 못할 정도로 참된 원인의 빛이 너무 미약하다 해도, 참된 원인에는 남다른 데가 있게 마련이기 때문이지요. 그렇지만 우리끼리니까 이 자리에서 솔직하게 말씀드리면, 조수의 원인을 지구 운동으로 설명하는 것은 제가 지금껏 들은 다른 모든 원인들 못잖게 허튼 생각처럼 보인다는 것입니다. 자연스러운 현상임을 보여 주는 다른 근거가 더 없다면 저는 주저하지 않고 조수가 초자연 현상이라고 믿겠습니다. 인간의 머리로는 생각할 수 없는 기적 말입니다. 전능하신 신의 손이 직접 만드시는 그런 기적이요.(488~489)

그러니까 심플리치오의 말은 더 이상 이성으로 따지거나 설명하려 애쓸 필요가 없다는 얘기로 들린다.

밀물과 썰물은 정말 우리 인간이 아는 지식으로 전혀 설명할 수 없는 신비한 현상일 뿐일까? 살비아티는 지구가 정지해 있다고 고집하지 않는다면 밀물·썰물의 원인과 결과를 충분히 이성적으로 설명할 수 있다고 강조한다. 밀물과 썰물은 자연을 뛰어넘는 초자연의 기적이 아니라 지극히 자연스러운 현상이라는 것이다. 아리스토텔레스 학자들이 그토록 믿고 싶어 하지 않는 '지구 운동'의 기적 하나만 받아들인다면 말이다.

살비아티: 심플리치오 님, 밀물·썰물을 일으키는 데 꼭 기적이 있

어야 한다면, 지구 땅덩어리가 기적적으로 운동을 행하여 바닷물의 자연스러운 운동을 일으킨다고 생각하는 건 어떨까요? 사실 지구 운동은 기적 중에서도 단순하고 자연스러운 기적일 겁니다. 생각해 보세요. 엄청난 양의 바닷물이 저곳에선 안 되고 이곳에서만 아주 빠르게 이리저리 움직이게 만들기보다는, 지구 하나만 회전하게 만드는 게 훨씬 더 쉽잖아요? 해수면이 오르고 내리는 현상이 이곳에서는 더 크게, 저곳에서는 더 작게 일어나고 어떤 곳에서는 전혀 일어나지 않게 하기보다는, 그러니까 다시 말해 같은 분지 안에서도 이처럼 갖가지 변화가 일어난다고 생각하기보다는, 지구하나가 회전한다고 보는 게 훨씬 더 간단하지 않나요? 이미 많은 천체들이 그렇게 운동을 하고 있고요. 심플리치오 님처럼 생각하면 기적은 여럿이 되지만, 달리 생각하면 기적은 하나로도 충분하지요.

덧붙여 말씀드리면, 바닷물을 움직이게 하는 기적을 행한다 하더라도 거기에는 또 다른 기적이 뒤따라야만 한다는 점도 생각하셔야 합니다. 말하자면 지구가 정지해 있으려면 바닷물 운동의 관성에 맞서 비기는 힘도 필요하지요. 운동하는 바닷물에 실린 아주 강력한 힘을 기적적으로 막아 내지 못하면 지구는 이리저리 흔들릴 테니까요.(489~490)

만일 밀물·썰물을 기적이라고 여기는 편이 낫다는 심플리치오의 주장을 따르면 바다 곳곳에서 나타나는 갖가지 유형의 밀물·

썰물 현상도 갖가지 기적으로 받아들여야 할 판이다. 기적은 이토록 가지가지로 많이 일어날까? 하지만 지구가 운동한다는 기적 하나만 받아들이면, 이런 갖가지 기적도 한 가지의 인과관계로 다 설명할 수 있는 자연스러운 현상이 된다는 게 살비아티의 주장이다. 기이한 현상을 수많은 기적으로 설명할 것이냐, 아니면 하나의 기적으로 간단히 설명할 것이냐? 살비아티의 명쾌한 말솜씨가 '기적 논쟁'의 쟁점을 이렇게 압축한다.

바닷물 운동을 그릇에 담긴 물의 운동으로 재현

살비아티는 기적 논쟁을 벌이던 중에 심플리치오에게 한 가지 중요한 제안을 한다. 밀물·썰물 때 나타나는 솟아올랐다 내려가는 해수면의 변화를 우리 눈앞에서 정확히 재현할 수만 있다면 밀물·썰물의 원리를 이해할 수 있으니, 그것을 기적이라 할 이유가 없지 않겠는가? 이제 살비아티는 밀물·썰물의 원리를 드러내는 지상의 실험을 자세히 설명하기 시작한다.

살비아티는 심플리치오와 사그레도는 물론이고 독자들에게도 '가상의 실험' 상황을 머릿속에 그려 보면서 자신의 설명을 들어달라고 주문한다. 우리가 흔히 볼 수 있듯이, 그릇과 배에 담긴 물이 마치 밀물과 썰물처럼 출렁이는 현상을 자세히 관찰해 보면, 지구의 조수 현상을 이해할 수 있다는 것이다. 요즘 말로 하면, 그는 바닷물의 운동 원리를 보여 주는 모의실험(시뮬레이션)을 준비하는 것이다. 다음 말에서 살비아티가 바닷물 운동을 그릇에 담긴 물의 운동과 어떻게 비유하는지 볼 수 있다.

살비아티: 그릇에 담긴 물이 그릇의 한쪽을 향해 빠르게 움직인 다음 다시 다른 쪽을 향해 빠르게 움직이고, 또 물이 솟아올랐다 가라앉는 운동을 하려면 그릇에는 두 가지 운동이 나타나야 합니다. 첫 번째 운동은 그릇의 한쪽 끝을 낮췄다가 다시 다른 쪽 끝을 낮출 때에 일어납니다. 그래야만 물이 낮은 쪽으로 이리저리 흐르면서 양쪽 끝에서 번갈아 가며 솟아올랐다 가라앉을 테니까요. 그런데 양쪽 끝에서 솟아오르고 가라앉는 현상은 바닷물이 지구 중심에서 멀어져 솟아올랐다가 다시 중심을 향해 나아가며 가라앉는 것이라고도 말할 수 있겠지요. 그러므로 이런 운동이 물그릇처럼 움푹 들어간 지구 분지에서만 일어난다고 볼 수는 없어요. 움푹 들어간 부분에서만 지구 중심을 향하거나 거기서 멀어지는 운동이 일어날 리 만무하니까요.(492)

지구 전체는 운동하지 않는데 바닷물이 담긴 분지 부분만 흔들거리면서 바닷물을 운동하게 한다고는 도무지 생각할 수 없다. 그렇다면? 이제, 분지만 혼자 흔들거리는 부분 운동을 하는 게 아니라 지구 전체가 운동하는 경우를 생각해 볼 수 있다.

살비아티: 다른 식의 운동이 있을 수 있습니다. 그릇을 이리저리 기울이지 않은 채 같은 속도가 아니라 때로는 높이고 때로는 낮추

는 식으로 속도를 바꿔 가며 전진 운동을 할 때 말입니다. 물은 그릇에 딱 달라붙어 있지 않고 자유로운 상태니까, 이처럼 그릇에 속도 변화가 일어나도 물이 그런 변화를 그대로 따르지는 않아요. 그래서 그릇이 속도를 낮춰도 물은 이미 지닌 힘의 일정 부분을 유지해 앞쪽으로 쏠리게 됩니다. 그러면 반드시 앞쪽으로 물이 솟아오르게 되지요. 반대로, 그릇이 속도를 높일 때에 물은 새 힘에 익숙해지는 동안 느림을 어느 정도 유지해 뒤쪽으로 처지게 됩니다. 이번에는 뒤쪽에서 물이 어느 정도 솟아오르죠.(493)

지금 물그릇은 해저 분지에 비유되고 있다. 그릇 안의 물은 당연히 바닷물을 빗댄 것이며 그릇의 물이 솟아오르고 가라앉으며 출렁대는 현상은 밀물과 썰물을 보여 준다. 다른 말로, 밀물과 썰물을 인공의 장치를 이용해 우리 눈앞에서 재현하고 있는 것이다. 이처럼 비슷한 두 현상을 견주고 빗대어 생각하는 방식을 '유비' (類比)라고 말하는데, 우리는 살비아티, 곧 지은이 갈릴레오가 이런 기하학과 자연 현상의 유비를 이용해 결론을 이끌어 내는 데 능숙함을 앞에서도 여러 번 본 적이 있다. 여기서도 살비아티는 그릇이 가속하거나 감속할 때에 물이 출렁이는 모습을 세밀하게 관찰해 설명하면서, 밀물·썰물이 지구의 가속 운동과 감속 운동 때문에 일어날 수 있음을 논하고 있다.

이제는 지구 땅덩어리에서 가속과 감속이 어떻게 일어나는지 설명할 차례다. 여기서 다시 기하학적 증명이 등장한다. 증명은 처음엔 아주 단순한 모형에서 시작해 좀 더 복잡한 현상을 설명하는 식으로 전개된다.

　몇 가지 증명을 살펴보자. 〈그림 13〉은 지구(DEFG)의 중심인 B가 궤도를 따라 중심 A의 둘레를 B에서 C 쪽으로 공전할 때의 상황을 간단하게 나타낸 것이다. 지구는 또한 D-E-F-G 방향으로 자전하고 있다. 살비아티는 "자전과 공전 운동을 더한 실제의 운동을 보면 지구 표면의 각 부분은 가속이 됐다가 다시 그만큼 감속되기도 한다."고 설명한다. D 부근에서는 공전 운동과 자전 운

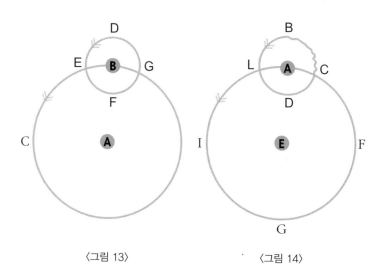

〈그림 13〉　　　　　〈그림 14〉

동이 같은 방향으로 이루어지기 때문에 실제 운동이 상당히 빨라지지만, 반대로 F 부근에서는 공전 운동이 왼쪽으로 나아가지만 자전 운동은 오른쪽을 향하기에 복합 운동은 느려진다는 얘기다. 물그릇의 속력이 빨라졌다 느려졌다 하면 거기에 담긴 물이 앞쪽과 뒤쪽으로 쏠리면서 수면 높이가 달라지는 이치는 바로 이런 지구 운동으로 설명된다.

〈그림 14〉은 지상의 바닷물을 보탠 상황을 보여 준다. 그림에서 물결 모양을 띤 BC 부분이 이리저리 흘러 다니며 물결을 일으키는 바다다. 〈그림 13〉에서 공전과 자전을 하는 지구에서 표면의 부분들이 서로 다른 속력을 나타낼 수 있다고 했는데, 마찬가지로 〈그림 14〉의 B와 C 부분에서 땅덩어리의 속력이 달라진다고 한다. C 부근에서 속력은 약간 느려지지만 B에선 다시 빨라진다. 그러다 보니 바닷물이 이리저리 운동할 수밖에 없다. 물그릇이 하나라도 그릇의 어느 부분이냐에 따라 속력이 달라질 수 있음을 보여 주는 증명이다.

갈릴레오가 자신의 조수 이론을 스스로 중요한 업적으로 여겼음은 사그레도의 말에서도 엿볼 수 있다. 살비아티의 설명을 듣고 난 사그레도가 다음과 같이 칭찬을 아끼지 않는다. 그는 "큰일을 해내셨어요. 드높은 성찰로 나아가는 첫 번째 관문을 여셨으니 말입니다. (……) 코페르니쿠스 선생이 밝혀낸 지구 운동을 받아들이면 바닷물의 그런 변화가 일어날 수밖에 없는 것임을 그대가 아주 설득력 있게 밝히셨군요." 하고 말한다.

그러나 갈릴레오가 그토록 자부했던 이론이지만, 완전한 것은 아니었다. 달이 끌어당기는 힘을 간과했기 때문이다. 그럼에도 그의 통찰은 탁월하다. 무엇보다 그의 이론은 조석 현상을 지구 운동으로 설명함으로써 새로운 인식의 지평을 열었다. 그것은 코페르니쿠스를 드높이는 업적이면서, 아울러 그에 견줄 만한 업적이기도 하다.

길고 긴 나흘간 대화를 끝내며 마지막 한마디씩

길고 긴 나흘간의 우주론 대화가 끝나 간다. 마무리할 시간에 이르러 아쉬움도 크겠지만, 금지된 코페르니쿠스 천문학에 관해 그동안 감춰 둘 수밖에 없었던 얘기를 에둘러 말하기는 했어도 다 털어놓았으니, 어쩌면 속이 후련할 법도 하겠다. 17세기 유럽의 독자들에게는 경쟁하는 프톨레마이오스 천문학과 코페르니쿠스 천문학 중 누구의 손을 들어 줘야 할지 심사숙고의 시간이 남게 됐다. 세 사람이 나흘간 대화를 마치며 마지막 말을 남긴다.

살비아티: 이제 우리의 나흘간 대화를 마무리할 시간입니다. 그래서 사그레도 님께 부탁드릴 말씀이 있어요. 혹시라도 제가 지금까지 말씀드린 것들을 나중에 되짚다가 풀리지 않는 어떤 난관이나 문제를 만나시거든 부디 저의 부족함을 용서해 주시길 바랍니다. 대화의 주제 자체가 새로운 데다 저의 능력에도 한계가 있기에 말입니다. (……) 또한 제가 다른 이들도 이런 얘기에 동의해야 한다

는 주장을 편 것도 아니니까요. 제 스스로 이런 새로운 개념의 논증에 동의하지 않고, 그런 논증이 나중에는 아주 엉뚱한 망상이거나 위엄을 갖춘 역설로 아주 쉽게 판정될 수도 있을 테니까요.(537)

역시 신중한 갈릴레오! 마지막 순간까지 그는 코페르니쿠스의 태양 중심설을 여러 우주 가설 가운데 하나로 얘기한 것일 뿐이지 자신이 옳다고 믿기 때문에 얘기한 것은 아니라고 강조한다. 할 말을 다하고 나서 오해하지 말라고 말한 것은 가톨릭교회 당국의 검열이 그만큼 살벌했기 때문이다.

이어 사그레도에게 "얘기하는 사람이 신이 나도록 맞장구도 쳐 주고 북돋아 주기도 하는 대화의 본보기를 보여 주셔서 감사하다."는 고마움을 전한다. 심플리치오에게는 "스승의 가르침을 흐트러짐 없이 아주 굳건하고도 용감하게 따르는 모습을 보면서 심플리치오 님을 무척 좋아하게 됐다."고도 하고, 또 "때때로 너무 격한 마음으로 주장을 해 그대의 마음을 상하게 했다면 용서해 달라."며 미안함을 전하기도 한다.

심플리치오는 마지막 말에서 아리스토텔레스 철학에 대한 경직된 믿음에서 벗어나는 모습을 보여 준다. 나흘 전과 비교하면 새로운 천문학에 대해 훨씬 더 너그러운 태도다. 하지만 그의 삶에 정신적 지주로서 굳건한 가르침을 전해 준 "그분", 즉 아리스토텔레스의 권위는 마음에서 다 지워 버릴 수 없을 것만 같다.

심플리치오: 살비아티 님, 제게 특별히 용서를 구하실 건 없습니다. 논쟁을 하다 보면 화를 내기도 하고 흥분도 하잖아요. 저도 논쟁을 많이 해 봐서 다 이해합니다. 심지어 어떤 사람들은 갑자기 모욕적 언사를 내뱉기도 하고, 가끔은 거의 주먹질을 할 뻔한 상황까지 가는 일도 있잖아요.

우리가 나눈 대화, 특히 오늘 밀물·썰물에 관한 대화에 대해 말하자면, 저는 솔직히 완전한 믿음을 얻지는 못했습니다. 하지만 이 문제에 관해 제가 그동안 알고 있던 생각들이 아주 미약한 것이었다는 생각을 하게 됐고, 그래서 살비아티 님의 생각이 제가 들어 온 많은 사람들의 생각보다는 더 독창적일 수 있다는 점을 인정합니다. 그래서 저는 예전에 제게 말을 해 준 사람들의 생각이 진리이며 최종 결론이라고는 생각하지 않게 되었습니다.

그렇지만 사실, 제 '마음의 눈' 앞에는 언제나 가장 굳건한 가르침이 하나 있습니다. 그것은 어느 누구라도 침묵하게 만들 만한, 가장 지혜롭고도 가장 깊은 학식을 지닌 '그분'에게서 얻은 가르침이지요. 그래서 저는 이렇게 생각합니다. 무한한 권능과 지혜를 행하시는 신이 과연 물 담은 그릇 자체를 흔들지 않고서 물에 상호 교류 운동을 일으키는 다른 방법을 행할 수 있겠느냐고 묻는다면, 그대 두 분도 신이라면 그럴 수 있고 인간이 알지 못하는 방법으로 그 일을 행하실 수 있을 거라고 답하실 거잖아요? 그렇기에 저는 신의 권능과 지혜가 이러하다 저러하다고 멋대로 제한하는 것은 너무 무례한 짓이라고 결론을 내립니다.(538)

심플리치오는 여전히 인간이 신의 권능과 지혜에는 도달할 수 없음을 강조한다. 그에 비해 살비아티는, 그렇더라도 신의 권능과 지혜를 깨달으려는 인간 나름의 노력이 의미 있는 지식 활동임을 다시 한 번 강조한다.

> **살비아티**: 신은 우리에게 우주의 구조에 관해 논할 권리를 주셨지만—아마도 인간 정신이 쪼그라들거나 게을러지지 않도록 그러신 게 아닐까 생각합니다만—또한 우리 인간이 신이 하시는 일을 발견할 수는 없음을 일러 주기도 합니다. 그러니 우리는 신이 인간에게 용인하고 정해 주신 활동을 행하여 신의 위대함을 깨닫고 그리하여 그 위대함을 찬탄할 수 있도록 합시다. 우리가 신의 무한한 지혜와 심오한 깊이를 다 꿰뚫어보기에는 능력이 부족한 존재라 하더라도 말입니다.(538)

살비아티, 즉 갈릴레오에게 과학은 절대 진리를 다 이해할 수는 없다 해도 그 진리를 조금씩 발견함으로써 신과 자연의 위대함을 드러내는 지식 활동으로 이해된다. 과학은 종교에 맞서는 활동이 아니며 오히려 신의 위대함을 드높이는 활동이라고 여겼던 이러한 생각은, 17세기 과학 혁명의 시기에 갈릴레오를 비롯해 많은 자연 철학자가 품었던 태도이기도 하다. 나흘간 대화의 마지막, 곧 이 책의 마지막을 장식하는 말은 집주인이자 사회자 격인 사그레도에게 넘어간다.

사그레도: 이제 나흘간 대화를 끝내도록 합시다. 끝나지 않을 우리의 호기심도 잠시 접어야겠군요. 그렇지만 이런 휴식도 조건부입니다. 살비아티 님, 좀 더 편한 때에 다시 오셔서 대화를 더 나누고자 하는 우리의 바람, 특히 저의 바람을 들어주셔야 합니다. 한두 번의 모임을 더 열자며 옆으로 제쳐두고 따로 적어 둔 문제들이 있잖아요. 모임을 더 열자는 것은 우리 셋이 다 동의했던 바지요. 무엇보다도 저는 자연 운동과 강제 운동에 대한 우리 학술원 학자의 '새로운 과학'을 들을 날을 애타게 고대합니다. 자, 늘 해 왔던 대로 밖으로 나가 곤돌라를 타고 잠깐 기분 전환이라도 합시다.(535~536)

나흘간 대화의 자리를 털고 일어서는 세 사람의 표정은 어땠을까? 유람선 곤돌라에서 이어졌을 뒷얘기는 또 어땠을까? 늘 자신감을 드러내며 진리가 자기편임을 확신하는 살비아티보다는, 새로운 앎에 눈을 뜸과 함께 마음의 상처와 충격을 받았을 심플리치오가 앞으로 어떻게 꿋꿋하게 살아갈지 더 마음이 쓰인다. 관객의 시선에서는 때때로 조용한 패자의 모습이 더 안쓰럽게 느껴지는 법이니까. 오, 그대 심플리치오여, 이제 그대의 두 발과 머리로 일어서라! 낡은 권위에 얽매인 교리를 툴툴 털어 버리고.

갈릴레오와 함께한
천문학 여행을 마치며

11

세 사람의 천문 대화는 대단원의 막을 내리며 순탄하게 끝났다. 코페르니쿠스 천문학은 아리스토텔레스 철학자와 신학자들이 자신에게 옭아맨 오해를 풀고 새로운 이성의 시대를 열어젖힐 과학 지식으로서 제 모습을 한껏 드러냈다. 멋지고 깔끔한 기획이었다. 하지만 『대화』 출간 이후의 사태는 갈릴레오의 예상과 달리 심각했다. 귀족 사회에서도 학계에서도 잘 나가는 듯해 보였던 갈릴레오는 가톨릭 교단의 종교 재판에 휘말려 '중대한 이단 혐의'라는 판정과 가택 연금이라는 처분을 받는 불명예를 뒤집어 써야 했다. 더 엄하고 혹독한 '공식 이단' 판정을 받지 않은 것만으로도 다행이라 여겨야 했다.

바티칸에서 받은 이단의 불명예가 풀리는 데에는 350여 년의 세월이 지나야 했다. 1633년의 갈릴레오 종교 재판에 큰 문제가 없다는 태도를 굳게 지켜 온 교황청의 태도는 1992년 무렵부터 바뀌기 시작했다. 그해 교황 요한 바오로 2세는 성서의 글귀에 얽매여 지구 중심설을 믿었던 당시 신학자들이 갈릴레오를 박해하는

우주 탐사선 갈릴레오호

1989년 목성을 탐사하기 위해 발사된 미국의 우주 탐사선이다. 목성의 위성을
발견한 갈릴레오를 기념하는 의미에서 갈릴레오호라는 이름을 붙였다.

오류를 범했음을 내비침으로써 갈릴레오의 이단 혐의 판정이 잘못이었음을 처음으로 인정했다. 교황청은 2000년 3월에도 기독교 역사 2000년 동안 벌어진 십자군 원정, 유대인 박해, 중세 고문 형벌, 신대륙 원주민 학살 같은 갖가지 과오를 공식으로 사죄했는데, 갈릴레오의 종교 재판도 여기에 포함됐다.

종교 재판소가 갈릴레오에게 이단 혐의 판정을 내렸지만 근대 사회에서 갈릴레오는 줄곧 낡은 권위에 맞서 과학의 신념을 굽히지 않은 근대 과학의 개척자로 존경과 추앙을 받았다. 과학계는 그의 업적과 천재성을 기념해 왔다. 1989년 10월에 발사된 미국 목성 탐사선에는 '갈릴레오호'라는 이름이 붙었다. 또 30개의 인공위성을 띄워 지상의 위치 정보를 찾아 주는 차세대 위성항법시스템 서비스는 '갈릴레오 프로젝트'로 불린다.

특히 2009년은 지구촌이 갈릴레오를 기념하는 해가 됐다. 유네스코와 국제천문연맹이 갈릴레오가 관측용 망원경을 발명해 천문 관측 활동에 나선 지 400돌이 되는 2009년을 '세계 천문의 해'로 정했기 때문이다. 물론 달의 표면과 태양 흑점, 목성의 네 위성을 처음 발견하는 데 썼던 갈릴레오 망원경의 발명만을 기념하자고 정한 세계 천문의 해는 아니다. 처음으로 관측 망원경이 발명된 뒤로부터 400년 동안에 이룩한 인류의 천문학 지식과 경험을 되짚어 보고 펼쳐 보며, 함께 나누려는 행사다.

갈릴레오 망원경, 근대 천문학 400년의 시작

갈릴레오 망원경의 발명이 어째서 '근대 천문학 400년'의 시작점으로 평가할 만큼 중요한 사건일까? 망원경을 통해 더 멀리 더 자세히 볼 수 있게 되면서 달 표면과 태양 흑점, 목성 위성들을 바라보고 저 깊은 우주와 최초로 눈을 맞췄던 갈릴레오의 시선은 끝없이 펼쳐진 우주, 거기에 하나의 작은 행성으로 존재하는 지구, 그리고 그곳 푸른 행성에 사는 인간의 존재를 깨닫기 시작한 근대 천문학자의 시선이었다. 맨눈으로 보는 것보다 훨씬 더 자세히 우주의 모습을 들여다볼 수 있게 되면서 코페르니쿠스 천문학의 증거가 확인되었고 이런 과학의 발전이 중세 천문학의 붕괴를 촉진했다. 천상에도 갖가지 변화가 일어나며, 천상의 달과 행성, 별들을 움직이는 투명한 천구 같은 것은 없다는 사실도 분명해졌다.

달의 울퉁불퉁한 표면은 천상도 지상과 별다를 게 없음을 생생하게 보여 주었으며, 태양 표면의 흑점 현상은 천상에서도 불규칙한 변화가 늘 일어나고 있다는 사실을 전해 주었다. 지구와 금성이 다른 궤도로 태양 둘레를 공전할 때에 자연스럽게 나타나는 금성의 크기와 모양 변화를 망원경으로 정확히 관찰함으로써 지구의 공전 운동을 입증할 수 있었다. '백 번을 듣는 것보다 한 번 보는 게 낫다.'는 말이 있듯이, 또 '보는 것이 믿는 것이다.'라는 말이 있듯이, 눈으로 볼 수 있는 증거들은 망원경이 없던 시대에 구축된 아리스토텔레스 철학과 프톨레마이오스 천문학의 권위를 흔들어 대는 크나큰 위협이 되었다.

근대 천문학의 문을 연 갈릴레오의 망원경

갈릴레오가 망원경을 수학, 광학, 천문학에 증여함으로써
그것들을 영예롭게 한다는 의미를 담은 그림이다.
갈릴레오의 망원경이야말로 근대 천문학의 문을 열었다.

망원경을 통해 우주에서 날아온 관측 증거가 더 많이 보일수록, 이런 증거를 망원경으로 봤다는 사람들의 증언이 더 많아질수록, 프톨레마이오스 천문학의 지구 중심설은 구석으로 몰리게 됐고 그것이 몰락하는 속도도 점점 더 빨라졌다. 갈릴레오는 지상과 천상의 자연법칙이 본질적으로 다르지 않음을 보임으로써, 지상과 천상을 통일하는 데 이바지했다. 근대 천문학의 꽃을 피우고 새로운 천문학의 싹을 틔우는 데에는 이처럼 망원경의 천문 관측이 중요한 구실을 했다.

천문 관측으로 천문학은 크게 발전했고 우주는 새롭게 이해되었다. 18세기 초에는 뉴턴 물리학을 좇아, 우주는 끝없는 공간으로 펼쳐져 있고 그런 공간에 별들이 고르게 흩어져 있다는 생각이 널리 퍼졌다. 그러나 망원경의 성능은 더욱 개선되었고 별들이 균일하게 흩어져 있지 않다는 사실이 차츰 드러났다.

1750년에 영국 천문학자 토머스 라이트(1711~1786)는 『독창적 우주 이론』이라는 책에서 별들이 어떤 '질서'를 이뤄 흩어져 있으며, 우리 은하수와 비슷하게 별들이 한데 모여 원반 모양으로 이뤄진 은하가 수없이 많이 존재한다는 가설을 내놓았다. 같은 세기에 영국 천문학자 윌리엄 허셜(1738~1822)이 당시로서는 매우 정밀한 망원경을 써서 우주를 관측하며 여러 발견을 이뤄 내 관측 천문학의 체계를 구축했다. 그는 1781년에 태양계의 일곱 번째 행성인 천왕성을 발견하고, 우리 은하가 납작한 구조를 지닌다는 사실도 발견했다. 또 타원형이나 원반 모양을 한 여러 성운과 쌍둥이별

같은 여러 별을 세밀히 관측했다. 그리하여 우주의 비밀들이 잇따라 밝혀졌다.

그러나 20세기에 넘어야 할 대논쟁이 남아 있었다. 머나먼 우주 밤하늘에서 희미하게 빛을 내는 '성운'의 정체에 관한 것이었다. 1920년대 초까지 천문학자들 사이에서는 "성운은 우리 은하 밖에 있는 다른 은하"라는 주장과 "성운은 별과 행성들을 만들고 있는, 우리 은하 안의 기체 구름"이라는 주장이 대립하고 있었다. 이런 오랜 논쟁을 끝낼 결정적 증거를 미국 천문학자 에드윈 허블(1889~1953)이 찾아냈다. 1923년 허블은 정밀 관측을 통해 '안드로메다 성운'으로 알려진 것이 사실은 우리 은하 바깥에 있는 또 다른 은하라는 증거를 제시했다. 우리 은하가 우주의 대부분이라고 여겼던 천문학은 이제 우리 은하가 수많은 은하 중 하나일 뿐이라는 것을 받아들여야 했다.

허블은 더 나아가 1929년에 또 하나의 놀라운 사실을 발견했다. 은하들의 거리가 점점 멀어져 가고 있다는 것이었다. 시간이 흐를수록 은하들이 서로 멀어지고 있다는, 곧 우주가 팽창하고 있다는 사실은 우주의 역사를 이해하는 데 중요한 단서가 됐다. 우주가 팽창하고 있는 중이라면 당연히 아주 오래전에는 우주 공간이 지금보다 작았을 테고, 우주 역사의 필름을 계속 거꾸로 돌리다 보면 태초에는 우주가 아주 작은 부피로 존재했을 것이라는 추론을 할 수 있었다. 허블은 은하들이 멀어지는 속도를 계산해 우주의 팽창이 20억 년 전에 시작됐다고 추산했다.

은하들

오늘날 천문학은 우주에는 엄청나게 많은 수의 은하가 있고,
그 은하들의 거리가 멀어지고 있다는 사실을 알아냈다.
사진 속의 수많은 밝은 점 가운데 많은 수가 바로 우주의 은하들이다.

20세기 들어 물리학자들 사이에서 새로운 우주론이 연구되기 시작했다. 우주가 태초에 대폭발을 일으킨 뒤 팽창하고 식으면서 지금의 모습으로 진화해 왔다는 가설을 내놓는 연구자들이 나타났다. 그 과정에서 지금 우리가 알고 있는 여러 기본 원소와 물질들이 만들어졌다는 것이다. 러시아에서 망명한 미국 핵물리학자 조지 가모프(1904~1968)는 그런 가설을 다듬고 발전시켰다. '우주는 오래전에 탄생했으며 진화해 왔다.'는 그의 우주론은 '대폭발(빅뱅)'이라는 새로운 말이 생겨나는 계기가 되었다. 1965년 우주 대폭발의 흔적으로 현재 우주에 남아 있으리라 예측됐던 간접 증거인 우주 배경 복사*가 실제로 관측되면서 빅뱅 우주론은 차츰 정설로 받아들여졌다. 현대 우주론은 우주의 대폭발과 우주 거대 구조의 진화라는 뼈대를 검증하고 다듬으며 발전해 왔다.

근대 천문학은 우주에서 날아오는 가시광선을 보는 갈릴레오의 광학 망원경에서 시작했지만, 지금은 가시광선뿐 아니라 여러 다른 빛을 포착하는 관측 도구들도 활용된다. 은하, 별, 성운이 내는 여러 파장대 빛의 특성과 양을 측정해 천체들의 온도와 화학 성분까지 자세히 알 수 있게 되었고, 적외선 망원경, 전파 망원경, 엑스선 망원경 따위가 잇따라 개발돼 20세기 천문학의 꽃으로 자리

---

*우주 배경 복사는 우리 상식으로는 도무지 상상조차 할 수 없는 초고온과 초고밀의 태초에, 물질과 뒤섞여 존재하던 빛이 지금까지 식다가 남은 흔적이다. 우주 공간이 팽창하면서 식어 지금은 절대온도(섭씨 영하 270도 가량)의 차갑고 미약한 빛(전파)으로 우주 공간 전체에 퍼져 있다. 대폭발 우주론을 제안한 가모프가 예측했고, 1963년 우주 공간에서 처음 실제로 관측되었다.

GALILAEVS GALILEIVS PATRIC. FLOR.
GEOMETRIAE ASTRONOMIAE PHILOSOPHIAE MAXIMVS RESTITVTOR
NVLLI AETATIS SVAE COMPARANDVS
HIC BENE QVIESCAT
VIX. A. LXXVIII OBIIT. A. CIƆ IƆC XXXXI
CVRANTIBVS ALTERNVM PATRIAE DECVS

갈릴레오 기념비

피렌체 산타크로체 성당에 있는 갈릴레오 기념비다.
제자인 빈첸초 비비아니가 갈릴레오를 위해 세웠다.

잡았다. 또 미국항공우주국이 쏘아올린 허블 우주 망원경은 머나먼 우주의 모습을 들여다보며 우주론의 여러 가설을 확인하고, 지금껏 몰랐던 새로운 천문 현상을 찾아내고 있다.

이처럼 그때그때 첨단 관측 도구를 이용해 천문 현상을 관측하고, 또 수학과 물리학을 통해 우주의 기원과 구조를 설명하는 이론을 세움으로써, 천문학은 때로는 천천히 때로는 빠르게 발전해 왔다. 관측과 이론은 함께 달리는 쌍두마차였다. '2009년 세계 천문의 해'는, 지금 보면 아주 보잘것없는 수십 배율 성능의 관측용 망원경이 처음 발명되고 그 망원경을 천문학의 도구로 쓰기 시작한 데에서 근현대 천문학사가 시작됐음을 다시 한 번 확인해 주는 셈이다.

수학적 이성, 갈릴레오 과학에 담긴 근대성의 핵심

갈릴레오는 망원경 덕분에 부와 명예를 얻으며 출세할 수 있었고, 망원경으로 얻은 코페르니쿠스 천문학의 신념을 감추지 못해 종교 재판에 휘말렸지만, 이제 다시 그 망원경 덕분에 근대 천문학의 개척자로 평가받고 있다. 하지만 망원경 하나만으로 갈릴레오의 천문학 업적이 모두 이뤄질 수 있었던 것일까?

『대화』에서는 망원경 관측 증거와 더불어 수학과 기하학을 통한 증명이 코페르니쿠스 천문학을 지지하는 중요한 근거로 쓰였다. 갈릴레오가 보기에, 자연은 사람의 기대나 의지와 관계없이 그저 존재하는 객관적 실체였다. 거기에는 수학적 질서가 있다. 그래서 법학과 인문학과 달리 자연 과학에는 절대 진리가 있고 반드시 그리해야 하는 필연적 결론이 있다고 그는 믿었다. 자연은 "결코 어길 수 없는 불변의 법칙"을 행하며, 자연 현상은 "자연이 작동하는 방식을 사람이 이해하건 이해하지 못하건 상관없이" 일어나는 그런 것이었다. 자연의 필연성은 자연의 수학적 질서에 근거를 둔 것이었다. '수학의 언어로 쓰인 자연의 책'이라는 저 유명한 은유는 자연을 바라보는 갈릴레오의 시각을 잘 보여 준다.

우주라는 이 장대한 책 안에는 철학*이 쓰여 있습니다. 그 책은 언제나 우리 눈앞에 펼쳐져 있습니다. 그렇지만 곧바로 우리가 그걸 읽고 이해할 수는 없지요. 먼저, 책에 쓰인 언어를 배우고 문자를 해독하는 법을 알아야 합니다. 그렇지 못하면 책을 이해할 길은 없을 겁니다. 이 우주라는 책은 수학의 언어로 쓰여 있으며 삼각형, 원, 그리고 다른 기하학 형상들이 바로 그 언어의 철자입니다. 수학의 언어가 없다면? 우주라는 책에 쓰인 단 한 구절도 이해할 수 없을 겁니다. 그 도움이 없다면 우리는 어두운 심연에서 헛되이 헤매기만 할 겁니다.**

*여기서 철학은 우주 만물의 궁극적 법칙과 원리를 탐구하는 자연 철학을 말한다. 오늘날 자연 과학과 비슷하다.
** Edwin Arthur Burtt, *The metaphysical foundations of modern physical science: a historical and critical essay* (1954), 64쪽에서 재인용.

이런 자연관은 아리스토텔레스 철학과 너무도 달랐다. 아리스토텔레스 자연 철학도 중세 대학에서 지식의 전통으로 발전한 수학을 중요한 학문 분야로 여기기는 했다. 그렇지만 수학을 자연법칙을 찾는 데 쓰는 일에는 큰 관심을 두지 않았다. 자연 현상과 법칙은 아리스토텔레스 철학의 경험주의를 좇아 상식적 감각과 경험을 통해 이해되고 설명됐으며, 자연 현상에서 엄밀한 수학적 법칙성을 찾는 일은 대체로 관심 밖이었다. 이에 반해, 갈릴레오는 수학적 질서가 자연에서 동떨어진 관념이 아니라 자연에 실재하는 그것이라고 파악했다. 그에게 수학은 자연에 숨은 질서와 규칙을 찾아내는 쓸모 있는 학문이었다.

갈릴레오 과학의 다른 눈에 띄는 특징은 아리스토텔레스 철학에 뿌리 깊게 박힌 '목적론'을 분명하게 폐기했다는 점이다. 아리스토텔레스 철학은 어떤 자연 현상이 무엇 때문에, 무엇을 위해 일어나거나 존재하는지 그 궁극적 목적을 찾아내는 데 관심을 두었다. 그렇지만 갈릴레오는 그저 존재하는 자연에는 인간이 생각하는 목적이란 게 따로 있지는 않다고 보았다. 그래서 그는 자연 현상의 과정과 그 물리적 원인을 찾는 데 열중했으며, 그런 일이 과학 활동이라고 여겼다. '자연의 목적'처럼 인간의 이성으로는 입증할 수 없는 관념적이거나 신학적인 설명은 자연 과학이 해야 할 탐구 대상에서 제외해야 한다는 얘기다.

돌멩이가 떨어지는 현상을 어떻게 설명하는지 예를 들어 보자. 아리스토텔레스 철학자는 '돌멩이는 무엇을 목적지로 삼아 떨어

『새로운 두 과학에 관한 대화』 원고 가운데

갈릴레오의 마지막 책 『새로운 두 과학에 관한 대화』는 최초의 근대적인
물리학 책이라 할 수 있다. 그는 목적론을 버리고 수학적 이성으로
운동을 설명해 그때껏 몰랐던 운동의 속성을 밝혀냈다.

지는가?'라는 관념적 물음에 빠져서 '무거운 물체는 본래 땅을 향하는 속성을 지녀 목적지인 땅으로 떨어지는 게 자연의 이치'라는 식의 설명만으로 만족했다. 그러나 갈릴레오는 '물체는 어떻게 떨어지는가?'라는 물음을 던지고 이에 대한 답을 수학으로 설명할 수 있을 때 만족했다. 갈릴레오가 물체의 낙하 속도를 점점 더 빨라지게 하는 중력 가속도를 발견할 수 있었던 것은 이런 탐구 태도 덕분이었을 것이다.

갈릴레오는 스스로 이런 과학의 방법이야말로 낡은 과학과 다른 새로운 과학의 업적으로 꼽을 만하다고 인식했다. 그는 말년에 쓴 『새로운 두 과학에 관한 대화』에서, 이미 많은 자연 철학자들이 운동에 관해 탐구한 바 있지만 자신은 지금껏 몰랐던 운동과 역학의 속성을 실험을 통해 발견했다고 자부했다. 또한 일부 자연 철학자들이 물체의 낙하가 가속 운동이라는 점을 이미 관찰한 바 있으나 정확히 얼마나 가속이 일어났는지는 밝히지 못했는데, 자신이 해낸 일이 바로 그것이라고 자신 있게 밝혔다.

그렇다면, 갈릴레오는 어떻게 해서 자연 세계에서 다른 이들이 찾지 못한 운동의 속성을 찾을 수 있었던 것일까? 그는 '변하는 속성'과 '변하지 않는 속성'을 나누어 생각할 때 그것이 가능해진다고 말한다. 여기, 축구공이 하나 있다고 하자. 축구공의 색깔, 맛, 촉감, 냄새 등의 속성은 사람마다 다르게 느낄 수 있다. 즉 인간의 감각으로 느끼는 성질은 주관적이다. 그러나 축구공을 발로 찰 때, 그것에 가하는 힘만큼 굴러가게 된다는 속성은 언제나 변함

없다. 즉 축구공에 가하는 힘과 축구공이 받는 힘의 관계는 변하지 않는다. 그것은 감각이 아니라 수학적 사고로 찾아낼 수 있는 성질이기에 객관적이다.

정리하자면, 자연 세계의 탐구에서 인간의 감각으로 느끼는 성질은 주관적이니 경계하고 수학적 사고로 찾아 낼 수 있는 성질은 객관적이니 붙들라는 것이다. 이런 점을 보면, 자연을 수학의 언어로 쓰인 책이라고 한 갈릴레오의 유명한 은유는 주관과 객관, 감각과 이성을 구분하는 태도에서 생겨난 것이라 할 수 있다.

과학은 신이 창조한 자연의 수학적 질서 찾아

갈릴레오는 새로운 근대 과학을 주창했지만, 그렇다고 해서 그가 전통적 세계관에서 완전히 벗어나 있었거나 그것을 송두리째 부정했던 급진적 혁명가는 아니었다. 전통적 사고방식은 갈릴레오에게도 흔적을 남기고 있다. 이는 그가 생각한 종교와 과학의 관계에서 잘 나타난다.

갈릴레오는 1632년 『대화』를 통해 비록 가설이라는 단서를 달았지만 사실상 지구 중심설을 정면으로 비판하고 코페르니쿠스 태양 중심설을 강하게 옹호했다. 가톨릭 교리를 뒤흔들 만한 위험스럽고 불온한 사상인 태양 중심설을 옹호했지만, 갈릴레오의 삶이 종교 전쟁으로 얼룩진 것은 아니었다. 오히려 그는 종교계와 귀족 사회 안에 두터운 인맥을 갖고 있었으며, 그 인맥은 갈릴레오의 과학 연구에 중요한 기반이 되었다. 갈릴레오는 코페르니쿠스 천

〈컴퍼스로 우주를 창조하는 신〉
윌리엄 블레이크, 1794년

신이 수학 법칙으로 우주를 창조했다는 믿음은 갈릴레오를 비롯한
근대 초기 과학자들에게서 볼 수 있다. 우주를 수학 법칙으로 이해하고자 했던
그들의 열정은 신을 수학자와 같은 존재로 여기게 했다.

문학은 물론이고 그의 새로운 역학이 그릇된 아리스토텔레스 철학에서 벗어나 신의 놀라운 섭리를 제대로 드러낼 수 있다는 논리를 폈다. 또 성경 구절을 문자 그대로가 아니라 은유로 이해해도 결코 성경의 권위가 훼손되지 않으며, 과학과 종교는 제가끔 정당한 진리이기에 서로 대립하지 않는다고 적극적으로 설득했다.

갈릴레오는 근대 초기 과학자들이 대부분 그랬듯이, '신은 없다.'는 식으로 종교와 맞서지는 않았다. 오히려 갈릴레오는 신이 자연에 아름다운 수학적 질서를 수놓았다고 여겼고, 그 질서를 찾으려 했다. 그리고 그러한 일은 자연을 창조한 신의 전지전능을 높이는 일이 될 거라 생각했다.

나아가 갈릴레오를 비롯한 근대 초기 과학자들은 신이 법칙에 따라 자연을 창조한 합리적(이성적) 존재임을 입증하려고 했다. 당시 과학자들에게 신은 마치 '전지전능한 기하학자'의 모습처럼 이해되었다. 이전까지 신은 지고지선의 존재였지만, 근대 과학에서 신은 자연이라는 거대한 기계를 창조하고 작동하는 근대적 이성을 갖춘 존재로 이해된 것이다. 결국, 그에게 과학은 신이 창조한 자연의 수학적 질서를 찾아 신의 위대함을 밝히는 일이었던 것이다.

한편 이러한 생각은 당시 팽배해 있던 회의주의나 무신론 등의 사상과는 무척 다른 것이었다. 르네상스와 종교 개혁을 거치면서 17세기 지식 세계에는 '확실한 앎이나 절대 진리는 없다.'는 회의주의나 '신은 없다.'는 무신론과 유물론 같은 사상이 퍼지고 있었다. 그러나 갈릴레오는 이런 '이단의 사상들'에 맞서 인간이 참된 지식을 추구할 수 있음을 강조했다. 앞서 보았다시피, 그는 신이 창조한 우주 만물에 수학적 질서가 있고, 인간은 수학의 도구를 이용해 확실한 지식을 얻을 수 있다고 주장했다. 성직자뿐 아니라 갈릴레오를 비롯한 근대 초기 과학자들에게도 신의 온전한 세계를 지키고 지식의 확실성을 다시 세우는 일은 중요한 사명이었던 것이다.

갈릴레오의 『대화』 읽기를 마치며

『대화』는 갈릴레오가 되도록 많은 당대 지식인 독자들에게 코페르니쿠스 천문학이 참된 지식임을 설득하고자 쓴 각고와 열정의 산물이다. 망원경을 통해 눈으로 목격할 수 있는 천문 현상의 증거들, 그리고 단 하나의 진리를 단순명쾌하게 보여 주는 수학적 증명은 갈릴레오의 새로운 과학이 지닌 가장 강한 설득력이었다. 또한 신이 만든 자연 세계의 이성을 밝혀내어 과학이 신의 위대함을 드높일 수 있다는 갈릴레오의 믿음, 그리고 당대 학자들의 그릇된 세태를 비판하는 분명한 태도는 『대화』에서 코페르니쿠스 천문학의 정당성을 더욱 풍부하게 해 준다. 17세기 이래 이 책의 수많은 독자는 갈릴레오가 주창한 새로운 과학의 승리를 목격하는 짜릿함뿐 아니라 갈릴레오의 유려하고 재치 있는 문체와 폭넓고 깊이 있는 교양을 음미하는 즐거움도 느꼈으리라. 이제, 갈릴레오와 함께한 천문학 여행을 마칠 시간이다.

도움 받은 글들

Galileo Galilei, *Dialogue concerning the two chief world systems*, trans. Stillman Drake, New York:Modern Library, 2001.

Galileo Galilei, *Galileo on the world systems: a new abridged translation and guide*, trans. Maurice A. Finocchiaro, Berkely:University of California Press, 1997.

갈릴레이 갈릴레오, 『그래도 지구는 돈다』(전 2권), 이무현 옮김, 서울:교우사, 1997.

김영식, 『과학혁명: 전통적 관점과 새로운 관점』, 서울:아르케, 2001.

김영식, 임경순, 『과학사신론』, 서울:다산출판사, 2007.

버나드 코헨, 『새 물리학의 태동- 코페르니쿠스에서 뉴턴까지』, 조영석 옮김, 서울:한승, 1996.

윌리엄 쉬어, 마리아노 아르티가스, 『갈릴레오의 진실』, 고중숙 옮김, 서울:동아시아, 2006.

장 피레르 모리, 『갈릴레오』, 변지현 옮김, 서울:시공사, 1999.

홍성욱 편역, 『과학고전선집- 코페르니쿠스에서 뉴턴까지』, 서울:서울대학교 출판부, 2006.

A. Rupert Hall, *From galileo to newton 1630~1720*, New York:Harper & Row Publishers, 1963.

Charles B. Schmitt, *Aristotle and the renaissance*, Cambridge, Mass.:Harvard University Press, 1983.

Edwin Arthur Burtt, *The metaphysical foundations of modern physical science: a historical and critical essay*, London:Routledge & Kegan Paul Ltd., 1954.

Stillman Drake, *Galileo: a very short introduction*, New York:Oxford University Press, 2001.

주니어클래식 7

갈릴레오의 두 우주 체계에 관한 대화,
태양계의 그림을 새로 그리다

2009년 7월 24일 1판 1쇄
2023년 1월 20일 1판 11쇄

지은이 오철우

기획 이권우
편집 정은숙, 서상일
디자인 FN디자인 이정민, 김효경
제작 박흥기
마케팅 이병규, 양현범, 이장열
홍보 조민희, 강효원

출력 블루엔
인쇄 코리아피앤피
제책 J&D바인텍

펴낸이 강맑실
펴낸곳 (주)사계절출판사 | **등록** 제406-2003-034호
주소 (우)10881 경기도 파주시 회동길 252
전화 031)955-8588, 8558
전송 마케팅부 031)955-8595 편집부 031)955-8596
홈페이지 www.sakyejul.net | **전자우편** skj@sakyejul.com
블로그 blog.naver.com/skjmail | **트위터** twitter.com/sakyejul | **페이스북** facebook.com/sakyejul

ⓒ 오철우 2009

값은 뒤표지에 적혀 있습니다. 잘못 만든 책은 서점에서 바꾸어 드립니다.
사계절출판사는 성장의 의미를 생각합니다.
사계절출판사는 독자 여러분의 의견에 늘 귀기울이고 있습니다.
이 책은 저작권법에 따라 보호받는 저작물이므로 무단전재와 무단복제를 금합니다.

ISBN 978-89-5828-383-6 43400
ISBN 978-89-5828-407-9 (세트)